额尔古纳
国家湿地公园
生物多样性调查报告

黄学文　特喜铁 / 主编

中国环境出版集团·北京

图书在版编目（CIP）数据

额尔古纳国家湿地公园生物多样性调查报告/黄学文，特喜铁主编. —北京：中国环境出版集团，2023.5

ISBN 978-7-5111-5497-2

Ⅰ. ①额… Ⅱ. ①黄…②特… Ⅲ. ①沼泽化地—国家公园—生物多样性—调查报告—额尔古纳市 Ⅳ. ①P942.263.78②Q16

中国国家版本馆 CIP 数据核字（2023）第 070495 号

出版人 武德凯
责任编辑 张 颖
封面设计 岳 帅

出版发行 中国环境出版集团
（100062 北京市东城区广渠门内大街 16 号）
网 址：http://www.cesp.com.cn
电子邮箱：bjgl@cesp.com.cn
联系电话：010-67112765（编辑管理部）
发行热线：010-67125803，010-67113405（传真）
印 刷 北京鑫益晖印刷有限公司
经 销 各地新华书店
版 次 2023 年 5 月第 1 版
印 次 2023 年 5 月第 1 次印刷
开 本 787×1092 1/16
印 张 17.5
字 数 300 千字
定 价 74.00 元

《额尔古纳国家湿地公园生物多样性调查报告》
编 委 会

策　　划：谢　宾　甄　光

主　　编：黄学文　特喜铁

副 主 编：刘　琼　李　杰　杨晓刚

编　　委：乌仁其其格　迟　林　董卓玉　冯金山　张　璐

包　蕾　唐庆明

序

众所周知，湿地是地球之肾，其所固有的涵养水源、保育土壤、净化水质、削洪蓄水和保护生物多样性等自然禀赋是湿地的重要生态功能，同时我们的祖先依山傍水、逐水草而居的习性反映了人类对湿地环境的依赖与利用。

曾经对湿地的重要性认识不足，过度开发和不合理利用导致人们对湿地的破坏较为严重，湿地萎缩明显，内蒙古自治区曾经“棒打狍子，瓢舀鱼，野鸡飞到饭锅里”的生态繁荣景象及内蒙古地名中丰富的湿地类型体现，如嘎鲁图（鸿雁栖息的地方）、苏泊淖尔（水獭湖）、努古斯太（有鸭子的地方）、图克（有白天鹅的滩）、湖尼图湖（天鹅湖）等，无不说明内蒙古湿地曾经拥有过万鸟翔集的景象。

“生态兴则文明兴，生态衰则文明衰”，内蒙古有着代表性的写照，从著名的生态城市元上都到黑城子、赵王城、统万城、盛乐和辽上京等，这些古城的文明都与河流湿地有着密切的关系，随着湿地的退化这些文明也随之更替，所以保护湿地就是保护人类文明的摇篮。

为了保护和利用好湿地，我国启动了湿地公园的建设项目，湿地公园是我国自然保护地体系的重要组成部分。内蒙古额尔古纳国家湿地公园是我国北方面积最大、保护最完整、物种最丰富的木本湿地，包含了森林、草原、草甸等类型的生态系统。

生物多样性是湿地公园建设成效最直接的评判和指示，开展湿地生物多样性本底调查是湿地保护的第一步，湿地生态环境好则生物多样性丰富，特别是一些湿地敏感性动物，如鹤类、雁鸭类、鹳类以及极北鲵等动物是湿地生态环境的旗舰种；同时湿地环境的改善对湿地植物也具有重要的选择作用，如对环境要求严格和生态环境质量指示作用明显的兰科、毛茛科及不同水生、湿生植物等，其数量将会显著增加。

内蒙古额尔古纳国家湿地公园 2013 年试点建设，2017 年正式成为国家湿地公园，从申报建设到 2022 年，其取得的成效如何？在生物多样性保护方面取得了哪些明显的效果和经验？对这些问题的回答需通过开展生物多样性调查来实现。内蒙古额尔古纳国家湿地公园管理局和呼伦贝尔学院生命科学学院共同开展的内蒙古额尔古纳国家湿地公园生物多样性调查，其成果汇集成《额尔古纳国家湿地公园生物多样性调查报告》，全书共收录种子植物 84 科 271 属 527 种，昆虫 9 目 48 科 105 种，鱼类 4 目 6 科 14 种，两栖动物 2 目 4 科 5 种，爬行动物 2 目 3 科 4 种，鸟类 14 目 37 科 106 种，哺乳动物 5 目 12 科 26 种，较试点建设初期，现阶段内蒙古额尔古纳国家湿地公园的生物多样性显著增加，说明湿地公园建设对生物多样性保护起到了明显的促进作用。

本书不仅使人们对生物多样性的动植物种类有了明确的认识，还记录了植被类型、群落组成、多样性程度等调查工作的开展情况，同时记录了土壤、水质等生物多样性栖息环境的调查和评估结果，是一本较为全面的生物多样性本底资源调查报告类图书，为人们进一步开展湿地公园的生物多样性研究打下了良好的基础，并为内蒙古额尔古纳国家湿地公园科学规划、重点保护、合理利用、有效宣教等方面的工作提供了可参考的依据。

本次调查成果，如果能再进一步考虑重点生物的种群数量和空间分布格局就更好了，提出此建议期待在未来的工作中完善和补充。瑕不掩瑜，本书受到内蒙古额尔古纳国家湿地公园管理局的重视，是广大调查者辛苦工作的成果，对生物多样性的本底调查充分，写作严谨，特征描述准确。本书对于湿地公园未来进行生物资源核对、科普宣教及生物多样性认知工作是一本较好的工具书。

“绿水青山就是金山银山”是对生态保护与生态福祉重大意义的最好诠释，内蒙古额尔古纳国家湿地公园的建设是践行“绿水青山就是金山银山”理念的楷模，也是完全按照国家湿地公园“全面保护、科学修复、合理利用、持续发展”基本原则进行建设的，内蒙古额尔古纳国家湿地公园在国家 AAAA 级旅游景区合理利用的基础上，投入较大的人力进行生物多样性本底调查，体现了可持续发展的科学理念。

受内蒙古额尔古纳国家湿地公园管理局甄光局长之托，欣然为之作序，希冀该书能对公园发展和社会产生更广泛的影响和作用。

2022 年 8 月于青城

前 言

具有“亚洲最美湿地”美誉的内蒙古额尔古纳湿地，于2013年试点建设；2017年正式成为国家湿地公园。内蒙古额尔古纳国家湿地公园管理局为顺利完成该公园生物多样性和环境指标的监测工作，与呼伦贝尔学院生命科学学院进行了科研合作。

呼伦贝尔学院生命科学学院结合内蒙古额尔古纳国家湿地公园的实际，以“区域生物多样性与环境影响评价”科研创新团队为主力，组建了一个由教师和几届学生共同参与的调查监测团队。2016—2019年，对内蒙古额尔古纳国家湿地公园全域进行了生物多样性本底资源调查和环境因子监测，高质量地完成了内蒙古额尔古纳国家湿地公园的植物种类调查、植被类型和群落调查、昆虫及脊椎动物多样性调查、水质和土壤因子的动态监测等工作。

在2016—2019年的调查过程中，植物资源组在采集种子植物标本的基础上，确定了内蒙古额尔古纳国家湿地公园内有种子植物527种，隶属84科271属；植被调查组在内蒙古额尔古纳国家湿地公园内确定了6种植被类型、10种植被亚型、11个群系组、13种群丛；动物资源调查组采集到昆虫600余只，制作成有效标本380余件，隶属9目48科87属105种，观测到鱼类4目6科14种，两栖动物2目4科5种，爬行动物2目3科4种，鸟类14目37科106种，哺乳动物5目12科26种。在调查数据的基础上，进行了大量的数据处理与分析，制作了内蒙古额尔古纳国家湿地公园植物种类名录、昆虫及高等动物种类名录，进行了植物多样性、昆虫多样性、脊椎动物多样性3方面的资源分析和区系分析，确定了植被类型、分布区域，并进行了群落多样性分析，计算了2016—2019年来各植物群落α-多样性的4项指数，结合水质和土壤因子的监测结果，对该湿地公园植物群落的健康状况进行了综合评价。

《额尔古纳国家湿地公园生物多样性调查报告》是依据以上现场调查与数据分

析结果撰写的报告。其中第一章自然地理条件由乌仁其其格教授编写（计 0.5 万字）；第二章植物物种资源由黄学文教授、李杰副教授共同完成，其中黄学文撰写了 8 万字，李杰撰写了 2 万字；第三章植被与群落类型主要由刘琼完成，撰写了 7 万字；第四章动物资源由特喜铁副教授完成，撰写了 11 万字；第五章土壤调查与分析和第六章水环境质量报告由杨晓刚副教授完成，撰写了 2.5 万字。整个报告约 30 万字。

内蒙古额尔古纳国家湿地公园调研过程中得到了内蒙古额尔古纳国家湿地公园管理局领导及工作人员的大力支持。内蒙古额尔古纳国家湿地公园管理局局长甄光、呼伦贝尔学院生命科学学院院长谢宾策划、组织和指导了调研团队的调查工作。在 2016—2019 年的野外工作中，调研团队各小组历尽艰辛，踏遍了湿地公园的山山水水，时刻防备蚊虫叮咬、毒蛇野兽袭击，制作了大量的标本，收集了大量的图片、数据，作为内蒙古额尔古纳国家湿地公园建设初期的本底资料，每一份材料的积累都是汗水和心血凝聚而成的。

由于编写时间仓促，专业技术水平有限，虽经反复修改完善，书中疏漏和不当之处在所难免，敬请各位读者批评指正。

编　者

2022 年 10 月

目录

第一章　自然地理条件 / 1

第一节　地理位置 / 2
第二节　地质地貌 / 2
第三节　气候 / 3
第四节　水文条件 / 4
第五节　土壤 / 5
参考文献 / 6

第二章　植物物种资源 / 7

第一节　植物名录及地理成分 / 8
第二节　植物区系的物种组成 / 84
第三节　植物区系特征 / 89
参考文献 / 106

第三章　植被与群落类型 / 107

第一节　植被概述 / 108
第二节　试验方法 / 109
第三节　植物群落组成及数量特征分析 / 112
第四节　结论与讨论 / 155
参考文献 / 157

第四章　动物资源 / 159

第一节　昆虫 / 160

第二节　鱼类 / 193

第三节　两栖类 / 198

第四节　爬行类 / 201

第五节　鸟类 / 203

第六节　兽类 / 240

参考文献 / 249

第五章　土壤调查与分析 / 251

第一节　土壤调查范围、取样方法、评价标准 / 252

第二节　各群落类型土壤理化性质分析 / 254

第六章　水环境质量报告 / 267

第一节　水污染源概况 / 268

第二节　水环境质量概况 / 268

第一章
自然地理条件

E'ERGUNA

GUOJIA SHIDI GONGYUAN SHENGWU
DUOYANGXING DIAOCHA BAOGAO

第一节　地理位置

内蒙古额尔古纳国家湿地公园位于大兴安岭西北麓，隶属内蒙古自治区（简称内蒙古）呼伦贝尔市额尔古纳市，距呼伦贝尔市人民政府所在地海拉尔区123 km。

内蒙古额尔古纳国家湿地公园具体位于内蒙古呼伦贝尔市额尔古纳市上库力街道办事处和上库力林场辖域内，地理坐标为东经120°14′40.306″～120°50′33.201″、北纬50°19′10.182″～50°26′8.755″；西与301省道相邻，北与301国道相接，东与旗县相连，南与山脚线、耕地边缘、牧场围栏相连；规划总面积12 072 hm^2。

第二节　地质地貌

一、地质构造

内蒙古额尔古纳国家湿地公园的地质构造，属新华夏系凹陷带中的第三凹陷带的北段，即呼伦—巴音和硕盆地，新华夏系控制了区域的基本构造轮廓。

二、地貌

内蒙古额尔古纳国家湿地公园山系不发达，地势平缓，山势低矮山体浑圆，山间平坦开阔。主要地貌类型为低山丘陵、台地、冲积平原（洪积）、倾斜平原，属堆积平原、沟谷和河谷平原、河流地貌。

第三节　气候

根据 20 世纪 90 年代气象资料，内蒙古额尔古纳国家湿地公园气候如下：

一、气候特征

所在区域属寒温带大陆性季风气候。冬季漫长寒冷，春季干旱多风，秋季降温快，夏季温凉短促。

二、年气温变化和无霜期

年平均气温 –5～2.6℃，最热 7 月平均气温 18.5℃，最冷 1 月平均气温 –30.9～–27.3℃，极端最高气温 31.5～36.6℃，极端最低气温 –46.2～–40℃。全年≥0℃积温 2 160～2 273℃，达 170～184 d，≥5℃积温 2 000～2 100℃，达 143 d；≥10℃积温 1 664～1 870℃，达 100 d 左右。无霜期短，初霜期在 8 月下旬—9 月上旬，最早为 7 月 9 日；终霜期在 5 月下旬—6 月上旬，最晚为 6 月 24 日，无霜日数多年平均只有 90 d 左右。[1]

三、光照条件

本区年日照时数 2 500～2 800 h，年日照百分率 54%～62%。年太阳辐射量 4 407～4 928 MJ/m^2。[1]

四、降水情况

年降水量 360～410 mm，降水年际变化大，最多年与最少年降水量相差 370 mm，年降水量主要集中在 7—9 月，占全年降水量的 63%～76%，最大日降水量达 71 mm，年降水日数 106～124 d。冬季降水虽少，但积雪期长达 200 d 左右，最大积雪深度 35 cm，积雪日数 170 d 左右。[1]

五、风速

年平均风速 2.1～2.5 m/s，年大风日数 10～23 d，风向受季节影响较大，最大风速曾出现过 28 m/s。[1]

第四节　水文条件

内蒙古额尔古纳国家湿地公园境内河流——根河，发源于大兴安岭西侧，汇入额尔古纳河干流，属额尔古纳河外流水系，水蚀作用强烈，河网发育好，地下水资源相当丰富，既有埋藏浅的潜水，又有深层承压水，还有许多泉水出露，湿地公园境内河流特点是埋藏浅、易成井、水质好。

一、地表水

内蒙古额尔古纳国家湿地公园内地表水为河流和沼泽。河流为根河，发源于大兴安岭伊吉奇山西南侧海拔 1 242 m 处，大体呈东西流向，于四卡北 12 km 处汇入额尔古纳河。流经湿地公园的河流长约 52 km。由于水流下切变弱，侧向侵蚀力加强，河道迂回曲折、变迁频繁，沿河普遍发育出灌丛沼泽和草本沼泽以及牛轭湖，汛期易出槽漫溢。

二、地下水

内蒙古额尔古纳国家湿地公园境内地下水按埋藏条件属于潜水类型，即第四系松散沉积物孔隙潜水，主要分布于盆地和各大河谷内，形成部位较低，埋藏浅、易成井，地形被切割时则出现泉流，如河谷、谷坡、中沟、坳沟处多为侵蚀下降泉。

在根河及其支流的河谷漫滩冲积沙砾石层中，有岛状常年冻土层分布，融区潜水多分布在河流拐弯的堆积岸一侧、两河交汇处、古河道地带以及有阔叶植物分布的地方，含水层厚度 5～15 m，埋藏深度 0.5～5 m，井涌水量 50～2 000 t/d，水质优良，水化学类型为HCO—Ca（Na）或HCO_3—SO_4—Ca—Na型[①]，矿化度0.1～0.6 g/L。

第五节　土壤

根据土壤演变及理化性质、肥力等因素，内蒙古额尔古纳国家湿地公园的土壤被划分为6个土类，即灰色森林土、草甸土、黑钙土、碱土、沼泽土、粗骨土。

一、灰色森林土

灰色森林土分布在内蒙古额尔古纳国家湿地公园内山地阴坡岛状阔叶林地区，成土母质为结晶岩类残坡积物和坡积物，植被以山杨、白桦为主，林下灌草繁茂。

二、草甸土

草甸土呈带状、斑块状，分布于内蒙古额尔古纳国家湿地公园内河流两侧的低阶地、山间宽谷、冲积扇、泡沼周围等，地下水位埋深1～3 m。以腐殖质积累、潜育化为主要成土过程，并在草甸植被下发育成半水成型土壤。植被主要为喜湿的草本植物。

三、黑钙土

黑钙土是发育在草甸草原植被下的土壤，分布较为广泛。黑钙土分布在气候相对温暖干燥的地区，黑钙土区域地形波状起伏，以黄土状物为主要成土母质，植被种类有线叶菊、贝加尔针茅、羊草等草原植物。

四、碱土

碱土分布于内蒙古额尔古纳国家湿地公园的黑钙土区内，仅草原碱土1个亚类。

① 舒卡列夫分类。

草原碱土的理化性状与草甸碱土基本相似，二者在发生上有着密切的联系，草原碱土很可能是过去的草甸碱土因地下水位下降而逐渐演变形成的，具有富含腐殖质的淋溶层、柱状或块状结构的碱化层及盐分聚积层。

五、沼泽土

沼泽土广泛分布于内蒙古额尔古纳国家湿地公园河流两岸的谷地、漫滩、封闭的碟形洼地等，地表常年积水，地下水位一般在 1 m 以上。沼泽土是在阶地低洼处、湿地植被下发育而成的水成型土壤，成土时伴随着泥炭化或腐殖质化过程，同时还进行着潜育化过程，为本区域的非地带性土壤。地表植物有薹草、莎草、小叶章等。

六、粗骨土

粗骨土属于幼年土壤，特点是极薄的土层之下即为含大量石块的母质层，或地表即含大量砾石，分布于内蒙古额尔古纳国家湿地公园低山丘陵顶部及阳陡坡上。

粗骨土区域多数地形陡峭，生长着稀疏的草本植物或乔灌木，因土体过薄，粗骨土属难利用土壤，应以保护为主，防止水土流失。

参考文献

[1] 邹玉．额尔古纳市志（1991—2005）[M]．呼伦贝尔：内蒙古文化出版社，2012.

第二章
植物物种资源

E'ERGUNA

GUOJIA SHIDI GONGYUAN SHENGWU
DUOYANGXING DIAOCHA BAOGAO

第一节 植物名录及地理成分

1. 松科

（1）兴安落叶松［*Larix gmelinii*（Rupr.）Kuzenva］

中生乔木。生于落叶松纯林或松桦混交林；建群种。木材。东部西伯利亚分布种。

（2）樟子松（*Pinus sylwistris* L. var. *mongolica* Litv.）

旱生乔木。生于樟子松纯林或松桦混交林；建群种或优势种。木材。大兴安岭分布种。

2. 杨柳科

（3）甜杨（*Populus suaveolens* Fisch.）

湿中生乔木。生于山地阴坡、河边；甜杨—钻天柳群落的建群种。木材。亚洲温带—北极分布种。

（4）香杨（*Populus koreana* Rehd.）

中生乔木。生于河岸；河岸杂木林伴生种。东北[①]—日本中北部分布种。

（5）山杨（*Populus davidiana* Dode）

中生乔木。生于山地阴坡或半阴坡，与白桦混生；夏绿阔叶林的建群种。木材。亚洲—北美分布种。

（6）粉枝柳（*Salix rorida* Laksch.）

湿中生小乔木。生于河流两岸、山沟、低湿林地；山地或河岸灌丛的建群种或优势种。西伯利亚分布种。

---

① 全书“东北”指我国东北地区。

（7）**卷边柳**（*Salix siuzevii* Seemen）

湿生灌木或小乔木。生于河流两岸、沟塘。东部西伯利亚分布种。

（8）**蒿柳**（*Salix viminalis* L.）

湿中生灌木或小乔木。生于林缘湿地、河岸；河岸柳灌丛的优势种。旧世界温带分布种。

（9）**黄柳**（*Salix gordejevii* Y. L. Chang et Skv.）

旱中生灌木。生于土坡上。固沙植物。蒙古草原分布种。

（10）**五蕊柳**（*Salix pentandra* L.）

湿中生灌木或小乔木。生于积水草甸、沼泽地、林缘；山地柳灌丛的建群种或优势种。旧世界温带分布种。

（11）**兴安柳**

（*Salix hsinganica* Y. L. Chang et Skv.）

湿中生灌木。生于沼泽或较湿润山坡、林下；林下或林缘常见种。大兴安岭分布种。

（12）**钻天柳**

［*Chosenia arbutifolia*（Pall.）A. Skv.］

中生乔木。生于河流两岸或低湿地；甜杨—钻天柳群落的建群种。木材。亚洲温带—北极分布种。

3. 桦木科

（13）柴桦（丛桦）（*Betula fruticosa* Pall.）

湿中生灌木。生于林缘或林间沼泽，与沼泽地形成大面积灌丛沼泽。东部西伯利亚分布种。

（14）白桦（*Betula platyphylla* Suk.）

中生乔木。生于纯林或针阔叶混交林；山地白桦林的建群种或与山杨混生的次生林中的先锋树种。木材。温带亚洲分布种。

（15）水冬瓜赤杨（水冬瓜）（*Alnus sibirica* Fisch. ex Turcz.）

中生小乔木。生于山坡林、水湿地或河流两岸；河岸杂木林常见种。西伯利亚分布种。

4. 榆科

（16）春榆 [*Ulmus davidiana* Planch. var. *japonica*（Rehd.）Nakai]

中生乔木。生于河岸沟谷或山麓；河岸杂木林常见种。中国—日本分布种。

（17）栓枝春榆［*Ulmus davidiana* Planch. f. *suberosa*（Turcz.）Kitag.］

中生乔木。生于向阳山坡或河岸阶地。中国—日本分布种。

（18）大果榆（*Ulmus macrocarpa* Hance）

旱中生小乔木或灌木。生于山地或沟谷；阳坡灌丛主要树种。东北—华北—蒙古草原分布种。

5．大麻科

（19）野大麻［*Cannabis sativa* L. f. *ruderalis*（Janisch.）Chu］

一年生中生草本。生于路旁、田边；杂草，常形成小片的群落。中国—日本分布种。

6．荨麻科

（20）麻叶荨麻（蝥麻子）（*Urtica cannabina* L.）

多年生中生杂草。生于干燥坡地。药用、食用。旧世界温带分布种。

（21）狭叶荨麻（*Urtica angustifolia* Fisch. ex Hornem.）

多年生湿中生草本。生于林缘灌丛间、溪沟旁、湿地；林缘常见种。东部西伯利亚分布种。

7．檀香科

（22）长叶百蕊草（*Thesium longifolium* Turcz.）

多年生中生草本。生于山坡、草甸。药用。达乌里—蒙古分布种。

8．蓼科

（23）**波叶大黄**（*Rheum undulatum* L.）

多年生中生草本。生于碎石坡麓、冲刷沟内；山地草原群落的伴生种。药用。达乌里—蒙古分布种。

（24）**东北酸模**（*Rumex thyrsiflorus* Fingerh. var. *mandshuricus* A. Bae.et B.Skv.）

多年生中生草本。生于河边低湿地；草甸化群落伴生种。蒙古草原分布种。

（25）**毛脉酸模**（*Rumex gmelinii* Turcz.）

多年生湿中生草本。生于河岸、林缘、草甸；草甸或沼泽化草甸群落的伴生种。药用。亚洲温带—北极分布种。

（26）**酸模**（*Rumex acetosa* L.）

多年生中生草本。生于林缘、草甸。药用。北温带分布种。

（27）**长刺酸模**（*Rumex maritimus* L.）

一年生中生耐盐草本。生于河流沿岸；草甸群落或盐化草甸群落的伴生种。世界分布种。

（28）**萹蓄蓼（萹蓄）**（*Polygonum aviculare* L.）

一年生中生杂草。生于路边、田野、村舍附近、河边湿地。药用。北温带分布种。

（29）**叉分蓼**（*Polygonum divaricatum* L.）

多年生旱中生高大草本。生于山地草原的草甸或坡地；草甸草原的常见种。达乌里—蒙古分布种。

（30）**多叶蓼**（*Polygonum foliosum* Lindb.）

一年生湿中生草本。生于河滩。西伯利亚分布种。

（31）**耳叶蓼**

（*Polygonum manshuriense* V. Petr. ex Kom.）

多年生中生草本。生于河谷草甸；河谷草甸群落的伴生种。东北分布种。

（32）**箭叶蓼**（*Polygonum sieboldii* Meisn.）

一年生湿中生草本。生于河边或低湿地；草甸或沼泽化草甸群落的伴生种。药用。中国—日本分布种。

（33）**两栖蓼**（*Polygonum amphibium* L.）

多年生水生草本。生于河湾、溪水岸边。药用。北温带分布种。

（34）**卷茎蓼**（*Polygonum convolvulus* L.）

一年生中生草本。生于田野、林缘；杂草。北温带分布种。

（35）**酸模叶蓼**

（*Polygonum lapathifolium* L.）

一年生湿中生轻度耐盐碱草本。生于低湿草甸、河谷草甸；低湿草甸、河谷草甸群落的伴生种。药用。旧世界温带—热带分布种。

（36）**细叶蓼**（*Polygonum angusstifolium* Pall.）

多年生旱中生草本。生于林缘草甸或山地草甸；林缘草甸或山地草甸群落的伴生种。达乌里—蒙古分布种。

（37）**高山蓼**（*Polygonum alpinum* All.）

多年生中生草本。生于干山坡杂类草草甸。东部西伯利亚分布种。

（38）**水蓼**（*Polygonum hydropiper* L.）

一年生湿生草本。生于低湿地、水边。北温带—热带分布种。

9．藜科

（39）**地肤**［*Kochia scoparia*（L.）Schrad.］

一年生中生草本。生于撂荒地、路旁、村边；农田杂草。药用。旧世界温带分布种。

（40）刺藜（*Chenopodium aristatum* L.）

一年生中生草本。生于撂荒地、路旁、村边；杂草。北温带分布种。

（41）杂配藜（*Chenopodium hybridum* L.）

一年生中生草本。生于林缘、山地、河边、居民点附近；杂草。北温带分布种。

（42）藜（灰菜）（*Chenopodium album* L.）

一年生中生草本。生于田间、路旁、荒地、河岸湿地；农田杂草。世界分布种。

（43）尖头叶藜（*Chenopodium acuminatum* Willd.）

一年生中生草本。生于撂荒地、路旁、村边；杂草。温带亚洲分布种。

（44）猪毛菜（*Salsola collina* Pall.）

一年生旱中生草本。生于撂荒地、路旁、村边；杂草。药用。温带亚洲分布种。

（45）轴藜（*Axyris amaranthoides* L.）

一年生中生草本。生于撂荒地、路旁、村边；杂草。旧世界温带分布种。

10．苋科

（46）反枝苋（*Amaranthus retroflexus* L.）

一年生中生草本。生于田间、路旁、荒地；杂草。北温带分布种。

11．马齿苋科

（47）马齿苋（*Portulaca oleracea* L.）

一年生中生肉质草本。生于田间、路旁，习见于田间杂草。世界分布种。

12．石竹科

（48）繁缕［*Stellaria media*（L.）Cyrllus］

一年生中生草本。生于村舍附近杂草地、农田。北温带分布种。

（49）垂梗繁缕（*Stellaria radians* L.）

多年生湿中生草本。生于林缘、河边、沟谷草甸。东部西伯利亚分布种。

（50）叉歧繁缕（*Stellaria dichotoma* L.）

多年生旱生草本。生于向阳石质山坡。西伯利亚分布种。

（51）细叶繁缕（*Stellaria filicaulis* Makino）

多年生湿中生草本。生于河边低湿地。东北—日本中北部分布种。

（52）沼生繁缕（*Stellaria palustris* Fhrh.）

多年生湿生草本。生于沟谷草甸、河滩草甸、白桦林下。旧世界温带分布种。

（53）簇茎石竹（*Dianthus repens* Willd.）

多年生中生草本。生于山地草甸；山地草甸群落的伴生种。北温带—北极分布种。

（54）石竹

（*Dianthus chinensis* L.）

多年生中生草本。生于山地草甸、草甸草原。温带亚洲分布种。

（55）毛萼麦瓶草

（*Silene repens* Patr.）

多年生旱中生—中生草本。生于山坡草地、林缘草甸、河滩草甸；草甸群落的伴生种。旧世界温带分布种。

（56）旱麦瓶草（*Silene jenisseensis* Willd.）

多年生旱生草本。生于砾石质坡地。药用。温带亚洲分布种。

（57）狗筋麦瓶草

［*Silene venosa*（Gilib.）Aschers.］

多年生中生草本。生于沟谷草甸。旧世界温带分布种。

（58）毛轴蚤缀（*Arenaria juncea* M. Bieb.）

多年生旱生草本。生于石砾质坡地；山坡草地常见种。药用。中国—日本分布种。

（59）毛梗蚤缀（*Arenaria capillaris* Poir.）

多年生旱生草本。生于石质山坡。亚洲温带—北极分布种。

（60）女娄菜［*Melandrium apricum*（Turcz. ex Fisch. et Mey.）Rohrb.］

一二年生旱中生草本。生于石砾质坡地。药用。温带亚洲分布种。

（61）狭叶剪秋罗（*Lychnis sibirica* L.）

多年生中生草本。生于河滩草地、山坡近顶部。西伯利亚分布种。

（62）卷耳（*Cerastium arvense* L.）

多年生中生草本。生于山地林缘、草甸、山沟溪边。北温带分布种。

（63）田野卷耳（*Cerastium arvense* L.）

多年生中生草本。生于撂荒地、草甸。中国—日本分布种。

（64）种阜草［*Moehringia lateriflora*（L.）Fenzl］

多年生中生草本。生于山地林下、灌丛、沟谷溪边。北温带—北极分布种。

13．芍药科

（65）芍药（*Paeonia lactiflora* Pall.）

多年生旱中生草本。生于山地或石质丘陵的灌丛、林缘、山地草甸、草甸草原；草甸草原常见种。药用。中国—日本—蒙古草原分布种。

14．毛茛科

（66）兴安升麻［*Cimicifuga dahurica*（Turcz.）Maxim.］

多年生中生高大草本。生于山地林下、灌丛；林下常见种。药用。东北—达乌里分布种。

（67）耧斗菜（*Aquilegia viridiflora* Pall.）

多年生旱中生草本。生于石质山坡、石缝。有毒植物。温带亚洲分布种。

（68）白花驴蹄草（*Caltha natans* Pall.）

多年生水生草本。生于沼泽、缓流河道。西伯利亚分布种。

（69）驴蹄草

（*Caltha palustris* L.）

多年生湿中生草本。生于沼泽草甸、河岸、溪边。药用；有毒植物。东北—俄罗斯远东区分布种。

（70）铁山耧斗菜（紫花耧斗菜）［*Aquilegia viridiflora* Pall. f. *atropurpurea*（Willd.）Kitag.］

多年生旱中生草本。生于石质山坡、山崖底部。温带亚洲分布种。

（71）短瓣金莲花

（*Trollius ledebouri* Reichb.）

多年生湿中生草本。生于林缘草甸、沟谷湿草甸、河滩湿草甸；草甸群落的伴生种。药用。东北—达乌里分布种。

（72）球果唐松草（*Thalictrum baicalense* Turcz.）

多年生中生草本。生于山地林下及林缘。中国东部分布种。

（73）展枝唐松草（*Thalictrum squarrosum* Stephan ex Willd.）

多年生旱中生草本。生于草地；常见伴生种。药用。达乌里—蒙古分布种。

（74）箭头唐松草（*Thalictrum simplex* L.）

多年生中生杂类草。生于河滩草甸、山地灌丛、林缘草甸。药用。旧世界温带分布种。

（75）亚欧唐松草（*Thalictrum minus* L.）

多年生中生草本。生于山地林下、林缘、灌丛、草甸。北温带分布种。

（76）翼果唐松草

（*Thalictrum aquilegifolium* L.var. *sibiricum* Regel et Tiling）

多年生中生高大草本。生于山地林下及林缘；林下常见种。药用。西伯利亚分布种。

（77）蓝堇草［*Leptopyrum fumarioides*（L.）Reichb.］

一年生中生草本。生于田间、路旁，向阳山坡。西伯利亚分布种。

（78）二歧银莲花

（*Anemone dichotoma* L.）

多年生中生草本。生于林下、林缘、沟谷、河岸草甸。西伯利亚分布种。

（79）大花银莲花（*Anemone silvestris* L.）

多年生中生草本。生于林缘、沟谷、河岸草甸。旧世界温带分布种。

（80）长毛银莲花

［*Anemone narcissiflora* L. var. *crinita*（Juz.）Tamura.］

多年生中生草本。生于山地林下、林缘及草甸。达乌里—蒙古分布种。

（81）**掌叶白头翁**［*Pulsatilla patens*（L.）Mill. var. *multifida*（Pritz.）S. H. Li et Y. H. Huang］

多年生中生草本。生于林间草甸或山地草甸。早春开花植物；有毒植物。阿尔泰—蒙古—达乌里分布种。

（82）**细叶白头翁**（*Pulsatilla turczaninovii* Kryl. et Serg.）

多年生旱中生草本。生于草甸草原群落；可在群落中形成早春开花的杂草层片。药用；有毒植物。西伯利亚分布种。

（83）**兴安白头翁**

［*Pulsatilla dahurica*（Fisch. ex DC.）Spreng.］

多年生中生草本。生于河岸草甸、林间空地、石砾地；林缘常见种。东北—达乌里分布种。

（84）**茴茴蒜**（*Ranunculus chinensis* Bunge）

多年生湿中生草本。生于河滩草甸或沼泽草甸。药用。温带亚洲分布种。

（85）**石龙芮**

（*Ranunculus sceleratus* L.）

一二年生湿生草本。生于沼泽草甸。药用；有毒植物。北温带分布种。

（86）**毛茛**

（*Ranunculus japonicus* Thunb.）

多年生湿中生草本。生于山地林缘草甸、沟谷草甸和沼泽草甸。药用；有毒植物。中国—日本分布种。

（87）匍枝毛茛（*Ranunculus repens* L.）

多年生湿中生草本。生于河滩草甸或沼泽草甸。旧世界温带分布种。

（88）松叶毛茛（*Ranunculus reptans* L.）

多年生水生草本。生于近岸平缓河水中。北温带—北极分布种。

（89）沼地毛茛（*Ranunculus radicans* C. A. Mey.）

多年生水生草本。生于水流平缓的河道或牛轭湖中。东北—达乌里分布种。

（90）水毛茛［*Batrachium bungei*（Stand.）L.］

多年生沉水草本。生于水流平缓的河道或牛轭湖中。旧世界温带分布种。

（91）圆叶碱毛茛（水葫芦苗）［*Halerpestes sarmentosa*（Adams）Kom. et Aliss.］

多年生轻度耐盐湿中生草本。生于低湿地草甸；可成为草甸优势种。亚洲—北美分布种。

（92）长叶碱毛茛（黄戴戴）［*Halerpestes ruthenica*（Jacq.）Ovcz.］

多年生轻度耐盐湿中生草本。生于低湿地草甸；可成为草甸优势种。温带亚洲分布种。

（93）棉团铁线莲（*Clematis hexapetala* Pall.）

多年生旱中生草本。生于草甸草原及灌丛群落；草原杂类草层片的常见种。药用。温带亚洲分布种。

（94）兴安乌头（*Aconitum ambiguum* Reichb.）

多年生中生高大草本。生于山地林下、林缘草甸。药用；有毒植物。东部西伯利亚分布种。

（95）薄叶乌头（*Aconitum fischeri* Reichb.）

多年生中生草本。生于林下及沟谷草甸。大兴安岭—俄罗斯远东区分布种。

（96）北乌头（*Aconitum kusnezoffii* Reichb.）

多年生中生高大草本。生于阔叶林下、林缘草甸、沟谷草甸；初秋开花的常见种。药用；有毒植物。东部西伯利亚分布种。

（97）细叶黄乌头（*Aconitum barbatum* Pers.）

多年生中生草本。生于林下、林缘草甸。西伯利亚分布种。

（98）北侧金盏花（*Adonis sibirica* Patr. ex Ledeb.）

多年生中生早春开花草本。生于山地林缘草甸；早春开花植物。药用。西伯利亚分布种。

（99）东北高翠雀

（*Delphinium korshinskyanum* Nevski.）

多年生中生高大草本。生于山地林缘草甸或河滩草甸。有毒植物。大兴安岭—俄罗斯远东区分布种。

（100）翠雀（*Delphinium grandiflorum* L.）

多年生中生草本。生于草甸草原、林缘草甸；草甸草原常见种。温带亚洲分布种。

15．罂粟科

（101）白屈菜

（*Chelidonium majus* L.）

多年生中生草本。生于山地林缘、林下、沟谷溪边。药用；有毒植物。旧世界温带分布种。

（102）野罂粟（*Papaver nudicaule* L.）

多年生旱中生草本。生于山地林缘、草甸、草原；草原及草甸常见种。药用。西伯利亚分布种。

16．紫堇科

（103）齿瓣延胡索（*Corydalis turtschaninovii* Bess.）

多年生中生草本。生于山地林缘、沟谷草甸或河滩草甸。药用。东北—达乌里分布种。

17. 十字花科

（104）**播娘蒿**［*Descurainia sophia*（L.）Webb. ex Prantl］

一二年生中生杂草。生于山地草甸、沟谷、村旁、田边。药用。北温带分布种。

（105）**小花糖芥**（*Erysimum cheiranthoides* L.）

一二年生中生草本。生于山地林缘、草甸、草原。药用。北温带分布种。

（106）**蒙古糖芥**［*Erysimum flavum*（Georgi）Bobrov］

二年生旱中生杂类草。生于山坡、河滩、草甸草原；草甸草原伴生种。药用。温带亚洲分布种。

（107）**垂果南芥**（*Arabis pendula* L.）

一二年生中生草本。生于山地林缘、灌丛、沟谷、河边。旧世界温带分布种。

（108）**硬毛南芥**［*Arabis hirsuta*（L.）Scop.］

一年生中生草本。生于山地林下、林缘、湿草甸、沟谷溪边。北温带分布种。

（109）**球果芥**［*Neslia paniculata*（L.）Desv.］

一年生中生草本。生于村舍附近路边、农田。北温带分布种。

（110）**山遏蓝菜（山菥蓂）**［*Thlaspi thlaspidioides*（Pall.）Kitag.］

多年生砾石生旱生草本。生于石质山坡。药用；有毒植物。旧世界温带分布种。

（111）**沼生蔊菜（风花菜）**［*Rorippa islandica*（Oder.）Borbas.］

二年生或多年生湿中生草本。生于水边、沟谷；沼泽草甸或草甸伴生种。药用。北温带分布种。

（112）**葶苈**（*Draba nemorosa* L.）

一年生中生草本。生于山坡草甸、林缘、沟谷溪边。北温带分布种。

（113）**光果葶苈**（*Draba nemorosa* L. var. *leiocarpa* Lindbi.）

一年生中生纤弱草本。生于山坡草甸、林缘、沟谷溪边；早春开花植物。药用。北温带分布种。

（114）**庭荠**（*Alyssum desertorum* Stapf.）

多年生旱生草本。生于石质山坡。亚洲温带—北极分布种。

（115）**北方庭荠**（*Alyssum lenense* Adams）

多年生旱生草本。生于石质山坡。西伯利亚分布种。

（116）**燥原荠**［*Ptilotricum canescens*（DC.）C. A. Mey.］

旱生小半灌木。生于砾石山坡；山坡草地常见种。达乌里—蒙古分布种。

（117）**花旗杆**［*Dontostemon dentatus*（Bunge）Lédeb.］

二年生中生草本。生于山地林下、林缘草甸。中国—日本分布种。

（118）**腺独行菜**（*Lepidium apetalum* Willd.）

一二年生旱中生草本。生于村边、路旁、田间、撂荒地；轻度耐盐碱杂草。药用。旧世界温带分布种。

（119）**白花碎米荠**［*Cardamine leucantha*（Tausch）Schulz］

多年生中生草本。生于林缘、河边、湿草地。中国—日本分布种。

（120）**伏水碎米荠**（*Cardamine prorepens* Fisch. ex DC.）

多年生湿生草本。生于河边浅水中、林下湿地。东部西伯利亚分布种。

18. 景天科

（121）**费菜（土三七）**（*Sedum aizoon* L.）

多年生中生肉质草本。生于山地林下、林缘草甸、沟谷草甸、山坡灌丛；草甸常见种。药用。温带亚洲分布种。

（122）**宽叶费菜**（*Sedum aizoon* L. var. *latifolium* Maxim.）

多年生中生肉质草本。生于山地林下。温带亚洲分布种。

（123）**瓦松**［*Orostachys fimbriatus*（Turcz.）Berger］

二年生旱生肉质草本。生于石质山坡；在石质坡顶可形成小群落片段。药用。温带亚洲分布种。

（124）**狼爪瓦松**（*Orostachys cartilaginea* A. Bor.）

二年生旱生肉质草本。生于石质山坡。东北—华北分布种。

（125）**红景天**（*Rhodiola rosea* L.）

多年生旱中生肉质草本。生于山地林下或草坡。药用。旧世界温带分布种。

（126）**紫八宝**［*Hylotelephium purpureum*（L.）Holub］

多年生中生肉质草本。生于山地林缘草甸、山坡草甸、岩石缝、路边。北温带分布种。

（127）**白八宝**［*Hylotelephium pallescens*（Freyn）H. Ohba］

多年生湿中生肉质草本。生于山地林缘、河谷湿草甸、沟谷、河边砾石滩。温带亚洲分布种。

19．虎耳草科

（128）**刺虎耳草**（*Saxifraga bronchialis* L.）

多年生中生草本。生于山坡峭壁、林下岩石缝。亚洲温带—北极分布种。

（129）**互叶金腰**（*Chrysosplenium alternifolium* L.）

多年生湿生草本。生于林缘溪边。林缘湿地偶见种。北温带—北极分布种。

20．梅花草科

（130）**梅花草**（*Parnassia palustris* L.）

多年生湿中生草本。生于沼泽化草甸。药用。北温带—北极分布种。

21．茶藨子科

（131）**楔叶茶藨**

（*Ribes diacantha* Pall.）

中生灌木。生于河岸、林缘。东北—达乌里分布种。

（132）**水葡萄茶藨**（*Ribes procumbens* Pall.）

湿中生灌木。生于白桦林下、林缘；林缘常见种。西伯利亚分布种。

22．蔷薇科

（133）**绢毛绣线菊**（*Spiraea sericea* Turcz.）

中生灌木。生于山地灌丛、林缘、杂木林。温带亚洲分布种。

（134）土庄绣线菊
（*Spiraea pubescens* Turcz.）

中生灌木。生于山地灌丛、林缘、杂木林；林缘、林下常见种。东北—华北分布种。

（135）柳叶绣线菊
（*Spiraea salicifolia* L.）

湿中生灌木。生于河流沿岸、湿草甸、山坡林缘及沟谷；沼泽化灌丛的建群种或伴生种。旧世界温带—北极分布种。

（136）欧亚绣线菊（*Spiraea media* Schmidt）
中生灌木。生于林下、林缘、山地灌丛、石质山坡。旧世界温带分布种。

（137）珍珠梅
（*Sorbaria sorbifolia* A. Br.）

中生灌木。生于山地林缘或沟谷；可形成群落片段，也可见于林下、路边。观赏植物。西伯利亚分布种。

（138）刺蔷薇
（*Rosa acicularis* Lindl.）

中生灌木。生于山地林下、林缘、山地灌丛；可形成群落片段，也可见于林下、路边。北温带分布种。

（139）**山刺玫**（*Rosa davurica* Pall.）

中生灌木。生于山地林下、林缘、石质山坡，河岸沙质地；山地灌丛的建群种或优势种，多呈团块分布。东部西伯利亚分布种。

（140）**腺地榆**（*Sanguisorba officinalis* L. var. *glandulosa* Worcsch.）

多年生中生草本。生于山谷阴湿林缘处；林缘草甸群落的建群种或优势种。药用。东北—大兴安岭分布种。

（141）**粉花地榆**（*Sanguisorba officinalis* L. var. *carnea* Regel ex Maxim.）

多年生中生草本。生于沼泽草甸；沼泽草甸群落的伴生种。中国—日本分布种。

（142）**小白花地榆**
（*Sanguisorba tenuifolia* Fisch. var. *alba* Trautu. et Mey.）

多年生中生草本。生于沼泽草甸；沼泽草甸群落的伴生种。中国—日本分布种。

（143）**库页悬钩子**（*Rubus sachalinensis* Léveille.）

中生灌木。生于山地林下、林缘灌丛。药用。中国—日本分布种。

（144）**石生悬钩子**
（*Rubus saxatilis* Léveille.）

多年生中生草本。生于山地林下、林缘草甸。北温带—北极分布种。

（145）**龙芽草（仙鹤草）**（*Agrimonia pilosa* Ledeb.）

多年生中生草本。生于山地林缘草甸、河边、低湿地草甸、路旁。草甸或林下常见种。药用。旧世界温带分布种。

（146）路边青（水杨梅）
（*Geum aleppicum* Jacq.）

多年生中生草本。生于林缘草甸、河滩沼泽草甸、河边。药用。北温带分布种。

（147）东方草莓
（*Fragaria orientalis* Losinsk.）

多年生中生草本。生于山地林下、河滩草甸；森林草甸常见种。东部西伯利亚分布种。

（148）光叶蚊子草
（*Filipendula nuda* Grub.）

多年生中生草本。生于山谷溪边、灌丛下。中国—日本分布种。

（149）翻白蚊子草［*Filipendula intermedia*（Glehn）Juz.］
多年生湿中生草本。生于山地草甸、河岸。东北—达乌里分布种。

（150）蚊子草
［*Filipendula palmata*（Pall.）Maxim.］

多年生中生草本。生于山地、河滩、沼泽草甸，河岸杂木林；河滩草甸或林下常见种。东部西伯利亚分布种。

（151）白花委陵菜（*Potentilla rupestris* L.）

多年生旱中生草本。生于砾石山坡。北温带分布种。

（152）大萼委陵菜（*Potentilla conferta* Bunge）

多年生旱生草本。生于草甸草原；伴生种。药用。温带亚洲分布种。

（153）星毛委陵菜（*Potentilla acaulis* L.）

多年生旱生草本。生于砾石质草原或沙质草原；常形成斑块状小群落。温带亚洲分布种。

（154）二裂委陵菜（*Potentilla bifurca* L.）

多年生广幅旱生草本。生于山地灌丛、草甸草原、林缘、农田、路边；草原和草甸草原伴生种。药用。东北—达乌里分布种。

（155）高二裂委陵菜（*Potentilla bifurca* L. var. *maior* Ledeb.）

多年生旱中生草本。生于路旁、河滩沙地、山地草甸。东北—达乌里分布种。

（156）翻白委陵菜（*Potentilla discolor* Bunge）

多年生中生草本。生于山地草甸、疏林下。药用。中国—日本分布种。

（157）红茎委陵菜（*Potentilla nudicaulis* Willd. ex Schlecht.）

多年生中生草本。生于草甸草原、山地草甸；伴生种。东部西伯利亚分布种。

（158）莓叶委陵菜

（*Potentilla fragarioides* L.）

多年生中生草本。生于山地林下、林缘、林间草甸、灌丛；伴生种。药用。温带亚洲分布种。

（159）铺地委陵菜
（朝天委陵菜）（*Potentilla supina* L.）

一二年生轻度耐盐旱中生草本。生于低湿地；草甸和盐化草甸的伴生种。达乌里—蒙古分布种。

（160）匍枝委陵菜（*Potentilla flagellaris* Willd. ex Schlecht.）

多年生中生匍匐草本。生于林缘草甸、草甸草原；林缘草甸下部层片优势种。西伯利亚分布种。

（161）砂地委陵菜（菊叶委陵菜）（*Potentilla tanacetifolia* Willd. ex Schlecht.）

多年生旱中生草本。生于草甸草原、路边；草甸草原常见种。药用。温带亚洲分布种。

（162）鹅绒委陵菜
（*Potentilla anserina* L.）

多年生耐盐湿中生草本。生于低湿地；河滩和低湿地草甸的优势种。药用。北温带—南温带分布种。

（163）灰白委陵菜（*Potentilla strigosa* Pall. ex Pursh）

多年生旱生草本。生于草甸草原、山地草甸；伴生种。西伯利亚分布种。

（164）轮叶委陵菜（*Potentilla verticillaris* Steph. ex Willd.）

多年生旱生草本。生于石质山坡、山坡草地；旱生性草原的常见种。达乌里—蒙古分布种。

（165）多裂委陵菜（*Potentilla multifida* L.）

多年生中生草本。生于山地草甸、林缘。中国东部—西部分布种。

（166）腺毛委陵菜（*Potentilla longifolia* Willd. ex Schlecht.）

多年生旱中生草本。生于草甸草原、河滩草甸；草甸草原常见种。温带亚洲分布种。

（167）沼委陵菜（*Comarum palustre* L.）

多年生湿生草本。生于沼泽、沼泽化草甸。药用。北温带—北极分布种。

（168）地蔷薇［*Chamaerhodos erecta*（L.）Bunge］

二年生旱中生草本。生于砾石质草原或沙质草原；在石质坡顶可成为优势种，也可形成小群落片段。药用。西伯利亚分布种。

（169）伏毛山莓草（*Sibbaldia adpressa* Bunge）

多年生旱生草本。生于沙质土壤及砾石性土壤的山地草原。温带亚洲分布种。

（170）光叶山楂

（*Crataegus dahurica* Koehne ex Schneid.）

中生小乔木。生于河岸林间、灌丛或坡地。东部西伯利亚分布种。

（171）山荆子（山丁子）［*Malus baccata*（L.）Borkh.］

中生小乔木。生于河流两岸谷地；河岸柳灌丛的优势种。东北—达乌里分布种。

（172）全缘栒子（*Cotoneaster integerrimus* Medic.）

中生灌木。生于山地灌丛或石质山坡。旧世界温带分布种。

（173）**稠李**
（*Prunus padus* L.）

中生，喜潮湿小乔木。生于河溪两岸；河岸杂木林优势种、沙地灌丛常见种。旧世界温带分布种。

（174）**西伯利亚杏（山杏）**（*Armeniaca sibirica* L.）

旱中生灌木。生于石质向阳山坡；山地灌丛的建群种、灌丛化草原的优势种和景观植物。东北—华北—蒙古草原分布种。

23．豆科

（175）**披针叶黄华（牧马豆）**（*Thermopsis lanceolata* R. Br.）

多年生耐盐旱中生草本。生于草原化草甸；盐化草甸伴生种。药用；有毒植物。旧世界温带分布种。

24．蝶形花科

（176）**多叶棘豆**
［*Oxytropis myriophylla*（Pall.）DC.］

多年生旱中生草本。生于山地石质丘陵坡地；石质丘陵草原伴生种。优等牧草；药用。达乌里—蒙古分布种。

（177）**斜茎黄芪（直立黄芪）**（*Astragalus adsuigens* Pall.）

多年生旱中生草本。生于草甸草原、河滩草甸、路边；草甸草原重要伴生种或亚优势种。温带亚洲分布种。

（178）**达乌里黄芪**

［*Astragalus dahuricus*（Pall.）DC.］

一二年生旱中生草本。生于草原化草甸及草甸草原；伴生种。东部西伯利亚分布种。

（179）**黄芪**（*Astragalus membranaceus* Bunge）

多年生中生草本。生于林间草甸。药用，大兴安岭道地药材。温带亚洲分布种。

（180）**乳白花黄芪（白花黄芪）**（*Astragalus galactites* Pall.）

多年生旱生草本。生于石质向阳山坡、沙砾质河滩；广泛分布种。达乌里—蒙古分布种。

（181）**草木樨状黄芪**（*Astragalus melilotoides* Pall.）

多年生旱中生草本。生于草甸草原或沙质草原，常见种。东北分布种。

（182）**湿地黄芪**（*Astragalus uliginosus* L.）

多年生中生草本。生于林下、沼泽化草甸、山地河岸边；沼泽化草甸伴生种。西伯利亚分布种。

（183）**扁蓿豆**［*Melilotoides ruthenica*（L.）Sojak］

多年生广幅旱中生草本。生于丘陵坡地、山坡、林缘、路旁；草甸草原常见伴生种。优等牧草。温带亚洲分布种。

（184）**草木樨**（*Melilotus suaveolens* Ledeb.）

一二年生旱中生草本。生于河滩、沟谷、低湿地生境；外来引进种，逸生种。优等牧草；药用。温带亚洲分布种。

（185）**细齿草木樨**［*Melilotus dentatus*（Wald.et Kit.）Pers.］

二年生中生草本。生于低湿草甸、路旁、滩地；草甸和轻度盐化草甸群落的常见伴生种。优等牧草。旧世界温带分布种。

（186）**白花草木樨**（*Melilotus albus* Desr.）

多年生中生草本。生于路边、沟旁，草甸；外来入侵种。中国—日本分布种。

（187）**绒毛胡枝子**［*Lespedeza tomentosa*（Thunb.）Sieb. ex Maxim.］

旱中生半灌木。生于山地林缘、灌丛或草甸。中国—日本分布种。

（188）**达乌里胡枝子**［*Lespedeza davurica*（Laxm.）Schindl.］

旱中生小半灌木。生于干山坡、丘陵坡地、沙地；草原群落的伴生种。优等牧草；药用。东亚分布种。

（189）**歪头菜**
（*Vicia unijuga* R. Br.）

多年生中生草本。生于山地林下、林缘草甸、沟谷草甸、山坡灌丛；林缘草甸亚优势种或伴生种。优等牧草；药用。温带亚洲分布种。

（190）**多茎野豌豆**（*Vicia multicaulis* Ledeb.）

多年生中生草本。生于山地、丘陵坡地、林缘、灌丛、河岸沙地；山地草原群落伴生种。优等牧草。亚洲温带—北极分布种。

（191）**广布野豌豆**
（*Vicia cracca* L.）

多年生中生草本。生于河滩草甸、林缘、灌丛、林间草甸；山地草原群落伴生种。优等牧草；药用。北温带—北极分布种。

（192）**山野豌豆**［*Vicia amoena*（Levl.）Shih］

多年生中生草本。生于山地林缘、灌丛、草甸草原；草甸草原和林缘草甸的优势种或伴生种。优等牧草。温带亚洲分布种。

（193）**黑龙江野豌豆**（*Vicia amurensis* Oett.）

多年生中生草本。生于林间草甸、林缘草甸、灌丛、林下；山地森林草甸伴生种。中国—日本分布种。

（194）**大叶野豌豆**（*Vicia pseudorobus* Fisch. et C. A. Mey.）

多年生中生草本。生于阔叶林下、林缘草甸、山地灌丛、丘陵阴坡；山地森林草甸伴生种。优等牧草。东亚分布种。

（195）**野火球**

（*Trifolium lupinaster* L.）

多年生中生草本。生于林缘草甸、草甸草原；林缘草甸伴生种。优等牧草；药用。旧世界温带—北极分布种。

（196）**天蓝苜蓿**（*Medicago lupulina* L.）

一二年生中生草本。生于河滩草甸、田边、路旁；草甸伴生种。优等牧草。旧世界温带分布种。

（197）**紫花苜蓿**（*Medicago sativa* L.）

多年生中生草本。生于路边、山野、村舍附近；外来引进种，逸生种。优等牧草；药用。旧世界温带分布种。

（198）**山黧豆**［*Lathyrus quinquenervius*（Miq.）Litv. ex Kom. et Alis.］

多年生中生草本。生于山地草甸、河谷草甸；群落伴生种。亚洲—北美—北极分布种。

（199）**毛山黧豆**［*Lathyrus palustris* L. subsp. *pilosus*（Cham.）Hulten］

多年生中生草本。生于山地草甸、河谷草甸；群落偶见种。亚洲—北美—北极分布种。

（200）**山岩黄芪**（*Hedysarum alpinum* L.）

多年生中生草本。生于山地林间草地、河谷草甸；高山或亚高山草甸耐寒的伴生种。优等牧草；药用。旧世界温带—北极分布种。

25．牻牛儿苗科

（201）**草原老鹳草**（*Geranium pratense* L.）

多年生中生草本。生于山地林下、林缘草甸、灌丛、草甸、河边湿地。旧世界温带—北极分布种。

（202）**粗根老鹳草**
（*Geranium dahuricum* DC.）

多年生中生草本。生于山地林下、林缘草甸、灌丛、湿草甸；林缘草甸伴生种。温带亚洲分布种。

（203）**灰背老鹳草**（*Geranium wlassowianum* Fisch. ex Link）

多年生湿中生草本。生于山地林下、沼泽草甸、河边湿地。东部西伯利亚分布种。

（204）**大花老鹳草**（*Geranium himalayense* Serg.）

多年生中生草本。生于山坡草地、河边湿地、林下、林缘、草甸。达乌里—蒙古分布种。

（205）**毛蕊老鹳草**（*Geranium eriostemon* Fisch. ex DC.）

多年生中生草本。生于山地林下、林间、林缘草甸、灌丛。温带亚洲分布种。

（206）**突节老鹳草**（*Geranium krameri* Franch. et Sav.）

多年生中生草本。生于山地林缘草甸、灌丛、草甸、路边湿地。中国—日本分布种。

（207）**兴安老鹳草**（*Geranium maximowiczii* Regel et Maack）

多年生中生草本。生于山地林下、林缘草甸、灌丛、草甸、河边湿地。东部西伯利亚分布种。

（208）**鼠掌老鹳草**（*Geranium sibiricum* L.）

多年生中生草本。生于河滩湿地、沟谷、林缘、山坡草地、居民点附近；杂草，有时可在群落片段中形成优势种。药用。北温带分布种。

（209）**牻牛儿苗**
（*Erodium stephanianum* Willd.）

一二年生旱中生草本。生于山坡、干草地、河岸、沙丘、田间、路旁；杂草。药用。温带亚洲分布种。

26. 亚麻科

（210）**宿根亚麻**
（*Linum perenne* L.）

多年生旱生草本。生于沙砾质地、山坡；草原群落的伴生种。旧世界温带分布种。

27. 芸香科

（211）**白鲜**［*Dictamnus albus* L. subsp. *dasycarpus*（Turcz.）Wint.］

多年生中生高大草本。生于山地林缘、疏林灌丛、草甸；常形成斑块状小群落。药用。中国东部分布种。

28. 远志科

（212）**远志**（*Polygala tenuifolia* Willd.）

多年生广幅旱生草本。生于石质草原、山坡、草地、灌丛；偶见种。药用。温带亚洲分布种。

（213）**卵叶远志**（*Polygala sibirica* L.）

多年生中生草本。生于山坡、草地、林缘、灌丛。旧世界温带分布种。

29. 大戟科

（214）**狼毒大戟**（*Euphorbia fischeriana* Steud.）

多年生中生草本。生于石质山地向阳山坡；早春开花；常见种，在过度放牧的地区可形成群落优势种。有毒植物。达乌里—蒙古分布种。

（215）**东北大戟**（*Euphorbia mandshurica* Maxim.）

多年生中生草本。生于林缘草甸、草甸草原；伴生种。东北—大兴安岭分布种。

（216）**叶下珠（一叶荻）**（*Phyllanthus urinaria* L.）

中生灌木。生于山地灌丛、石质山坡；石质山坡灌丛的优势种；大兴安岭西侧偶见于根河桥一带。药用。温带亚洲分布种。

（217）**地锦**（*Euphorbia humifusa* Willd.）

一年生中生草本。生于田野、路旁、河滩；杂草。旧世界温带分布种。

30. 卫矛科

（218）白杜卫矛
（*Euonymus bungeanus* Maxim.）

中生灌木。生于山地、沟坡、沙丘；石质坡麓的偶见种。中国—日本分布种。

31．白花丹科

（219）**水金凤**

（*Impatiens noli-tangere* L.）

一年生湿中生草本。生于林下、林缘湿地；林下伴生种。北温带分布种。

32．鼠李科

（220）**小叶鼠李**（*Rhamnus parvifolia* Bunge）

旱中生灌木。生于向阳石质山坡、沟谷或灌木林；石质山坡灌丛的偶见种。东部西伯利亚分布种。

（221）**乌苏里鼠李**（*Rhamnus ussuriensis* J.Vass.）

中生灌木。生于山地沟谷、林缘、杂木林间、低山山坡、沙丘间地；河岸杂木林常见种、沙地灌丛的伴生种。药用。东北—华北分布种。

33．锦葵科

（222）**北锦葵**（*Malva mohileviensis* Downar）

一年生中生草本。生于田野、路旁、山坡。旧世界温带分布种。

34．金丝桃科

（223）**乌腺金丝桃**

（*Hypericum attenuatum* Choisy.）

多年生中生草本。生于山地林缘、草甸和灌丛、草甸草原；草甸草原伴生种。药用。温带亚洲分布种。

（224）**长柱金丝桃**
（*Hypericum ascyron* L.）

多年生中生草本。生于林缘、山地草甸、灌丛；半灌木状，林缘常见种。亚洲—北美分布种。

35．堇菜科

（225）**裂叶堇菜**（*Viola dissecta* Ledeb.）

多年生中生草本。生于山地林下、林缘草甸、河滩地；林缘或灌丛偶见种。药用。西伯利亚分布种。

（226）**紫花地丁**（*Viola yedoensis* Makino）

多年生中生草本。生于田野、荒地、灌丛、林缘；林缘常见种；杂草。药用。东亚分布种。

（227）**双花堇菜**（*Viola biflora* L.）

多年生中生草本。生于山地林下及湿草甸。北温带—北极分布种。

（228）**掌叶堇菜**（*Viola dactyloides* Roem. et Schult.）

多年生中生草本。生于林下、林缘草甸、灌丛。东部西伯利亚分布种。

（229）**鸡腿堇菜**（*Viola acuminata* Ledeb.）

多年生中生草本。生于山地林缘、疏林下、灌丛间、山坡草甸、河谷湿地。中国—日本分布种。

（230）**斑叶堇菜**（*Viola variegata* Fisch. ex Link.）

多年生中生草本。生于山地荒地、草坡、山坡砾石地、林下岩石缝、灌丛。药用。东北—达乌里分布种。

（231）**奇异堇菜**（*Viola mirabilis* L.）

多年生中生草本。生于针阔叶混交林、林缘、山地灌丛。旧世界温带分布种。

（232）库页堇菜（*Viola sacchalinensis* De Boiss.）

多年生中生草本。生于阔叶林下、林缘。东部西伯利亚分布种。

（233）白花堇菜（*Viola lactiflora* Nakai）

多年生中生草本。生于林缘或山坡草地。东部西伯利亚分布种。

36．瑞香科

（234）狼毒

（*Stellera chamaejasme* L.）

多年生旱生草本。生于山坡草地、林缘、灌丛；草原群落的伴生种。药用；有毒植物。温带亚洲分布种。

37．柳叶菜科

（235）柳兰

（*Epilobium angustifolium* L.）

多年生中生草本。生于山地林缘、丘陵阴坡、路边；可形成群落片段。药用。北温带分布种。

（236）沼生柳叶菜（*Epilobium palustre* L.）

多年生湿生草本。生于山沟溪边、河边、沼泽草甸。北温带分布种。

（237）多枝柳叶菜（*Epilobium fastigiatoramosum* Nakai.）

多年生湿中生草本。生于水边沼泽、沼泽草甸。中国—日本分布种。

38. 小二仙草科

（238）**穗状狐尾藻**（*Myriophyllum spicatum* L.）

多年生水生草本。生于河边浅水。世界分布种。

（239）**轮叶狐尾藻**（*Myriophyllum verticillatum* L.）

多年生水生草本。生于池塘、河边浅水。世界分布种。

39. 杉叶藻科

（240）**杉叶藻**（*Hippuris vulgaris* L.）

多年生水生草本。生于池塘、河边浅水。北温带—北极分布种。

40. 伞形科

（241）**东北羊角芹**（*Aegopodium alpestre* Ledeb.）

多年生中生草本。生于山地林下、林缘草甸、沟谷。西伯利亚分布种。

（242）**毒芹**（*Cicuta virosa* L.）

多年生水生草本。生于沼泽、池沼边、沼泽草甸。有毒植物。旧世界温带—北极分布种。

（243）兴安柴胡

（*Bupleurum sibiricum* Vest）

多年生中生草本。生于山地灌丛及林缘草甸。东部西伯利亚分布种。

（244）**红柴胡（狭叶柴胡）**（*Bupleurum scorzonerifolium* Willd.）

多年生旱生草本。生于草甸草原、山地灌丛、草原；草原群落优势杂类草，沙地植被常见伴生种。药用。中国—日本分布种。

（245）**大叶柴胡**（*Bupleurum longiradiatum* Turcz.）

多年生中生草本。生于山地林缘草甸、灌丛、林下。东亚分布种。

（246）**泽芹**（*Sium suave* Walt.）

多年生水生或湿生草本。生于沼泽、池沼边、沼泽草甸。亚洲—北美分布种。

（247）**蛇床**［*Cnidium monnieri*（L.）Cuss.］

一年生中生草本。生于河边、河边草甸。药用。东部西伯利亚分布种。

（248）**迷果芹**

［*Sphallerocarpus gracilis*（Bess.）K.-Pol.］

一二年生中生草本。生于田野村边、撂荒地、山地林缘草甸；在撂荒地可形成群落片段。东部西伯利亚分布种。

（249）**黑水当归**

（*Angelica amurensis* Schischk.）

多年生中生草本。生于低湿草甸、林缘草甸。东北分布种。

（250）**兴安白芷**

［*Angelica dahurica*（Fisch.）Benth. et Hook.］

多年生中生高大草本。生于林缘、山沟溪旁灌丛。药用；有毒植物。东部西伯利亚分布种。

（251）短毛独活（*Heracleum moellendorffii* Hance）

多年生中生高大草本。生于林下、林缘、溪边。野菜。东北—华北分布种。

（252）东北茴芹（*Pimpinella thellumgiana* Wolff）

二年生或多年生中生草本。生于湿草甸、林缘草甸、沟谷。药用。达乌里—蒙古草原—俄罗斯远东区分布种。

（253）防风［*Saposhnikovia divaricata*（Turcz.）Schischk.］

多年生旱生草本。生于丘陵坡地、山坡、固定沙丘；草原植被的伴生种。药用。达乌里—蒙古分布种。

（254）柳叶芹（*Czernaevia laevigata* Turcz.）

多年生中生草本。生于河边沼泽草甸、山地灌丛、林下、林缘草甸。东北—达乌里分布种。

41．山茱萸科

（255）红瑞木

（*Swida alba* Opiz）

中生灌木。生于河岸杂木林林缘；杂木林下常见种。观赏灌木。旧世界温带分布种。

42．鹿蹄草科

（256）红花鹿蹄草

（*Pyrola incarnata* Fisch.ex DC.）

多年生中生草本。生于针阔叶混交林、山地灌丛下；林下常见种。药用。亚洲温带—北极分布种。

（257）圆叶鹿蹄草（*Pyrola rotundifolia* L.）

多年生中生草本。生于阔叶林下。中国—日本分布种。

（258）单侧花［*Orthilia secunda*（L.）House var. *obtusata*（Turcz.）House］

多年生中生草本。生于针阔叶混交林下。北温带—北极分布种。

43．报春花科

（259）点地梅［*Androsace umbellata*（Lour.）Merr.］

一年生中生矮小草本。生于山地林缘、低湿草甸、沼泽草甸、沟谷；早春开花植物。药用。亚洲温带—热带分布种。

（260）海乳草（*Glaux maritima* L.）

多年生耐盐湿中生草本。生于低湿地矮草草甸、轻度盐化草甸；湿草甸优势种。北温带分布种。

（261）七瓣莲

（*Trientalis europaea* L.）

多年生耐阴中生草本。生于山地阴湿林下、密集灌丛。北温带—北极分布种。

（262）狼尾花（*Lysimachia barystachys* Bunge）

多年生中生草本。生于山地灌丛、草甸、河滩湿草地；伴生种，药用。中国—日本分布种。

（263）黄连花

（*Lysimachia davurica* Ledeb.）

多年生中生草本。生于山地林缘、灌丛、草甸、路旁；伴生种，药用。温带亚洲分布种。

44．白花丹科

（264）**二色补血草**［*Limonium bicolor*（Bunge）O. Kuntze］

多年生旱生草本。生于路边、砾石山坡。华北—蒙古草原分布种。

45．龙胆科

（265）**大叶龙胆（秦艽）**

（*Gentiana macrophylla* Pall.）

多年生中生草本。生于山地草甸、林缘、灌丛、沟谷。药用。西伯利亚分布种。

（266）**东北龙胆**（*Gentiana manshurica* Kitag）

多年生中生草本。生于山地林缘、灌丛、湿草甸；晚秋开花植物。中国东部分布种。

（267）**三花龙胆**

（*Gentiana triflora* Pall.）

多年生中生草本。生于山地林缘、灌丛、湿草甸。东部西伯利亚分布种。

（268）**花锚**［*Halenia corniculata*（L.）Cornaz］

一年生中生草本。生于林缘草甸及低湿草甸；湿草甸常见种。药用。亚洲—北美分布种。

（269）扁蕾

［*Gentianopsis barbata*（Froel.）Y. C. Ma］

一年生中生草本。生于山地林缘、灌丛、湿草甸。药用。亚洲温带—北极分布种。

46．睡菜科

（270）荇菜（莕菜）［*Nymphoides peltata*（S. G. Gmel.）Kuntze.］

多年生水生草本。生于池塘、湖泊。药用。北温带分布种。

47．萝藦科

（271）徐长卿［*Cynanchum paniculatum*（Bunge）Kitag.］

多年生中生草本。生于草甸草原及灌丛群落，石质山坡及丘陵阳坡。药用。东亚分布种。

（272）地梢瓜［*Cynanchum thesioides*（Freyn）K. Schum.］

多年生旱中生草本。生于干草原、丘陵坡地、撂荒地、田埂。温带亚洲分布种。

48．菟丝子科

（273）菟丝子（*Cuscuta chinensis* Lam.）

一年生中生寄生缠绕草本。寄生于多种植物。药用。亚洲温带—热带分布种。

49．旋花科

（274）藤长苗［*Calystegia pellita*（Ledeb.）G. Don］

多年生中生缠绕草本。生于耕地、撂荒地、路旁、山地草甸；杂草。北温带分布种。

（275）中国旋花（*Convolvulus chinensis* Ker-Gawler）

多年生中生缠绕草本。生于耕地、撂荒地、村舍、路旁；习见杂草。温带亚洲分布种。

50. 花荵科

（276）花荵
（*Polemonium caeruleum* L.）

多年生中生草本。生于山地林下、林缘草甸、低湿地。东部西伯利亚分布种。

51. 紫草科

（277）大果琉璃草（*Cynoglossum divaricatum* Steph.）

一年生旱中生草本。生于沙地、沙质河滩、田边、村旁；农田杂草。阿尔泰—蒙古—达乌里分布种。

（278）鹤虱（*Lappula myosotis* V. Wolf.）

一二年生旱中生草本。生于河谷草甸、山地草甸、路边。北温带分布种。

（279）湿地勿忘草
（*Myosotis caespitosa* Schultz.）

二年生或多年生湿中生草本。生于河滩沼泽草甸、低湿地。西伯利亚分布种。

52．唇形科

（280）薄荷

（*Mentha haplocalyx* Briq.）

多年生湿中生草本。生于水旁低湿地、河滩沼泽草甸。药用。亚洲温带—热带分布种。

（281）多裂叶荆芥［*Schizonepeta multifida*（L.）Briq.］

多年生旱中生草本。生于沙质草地、丘陵坡地、石质山坡、林缘及灌丛；草甸草原和林缘草甸常见伴生种。西伯利亚分布种。

（282）并头黄芩（*Scutellaria scordifolia* Fisch. ex Schrank）

多年生中生草本。生于山地林下、林缘、河滩草甸、撂荒地、路旁、村边。药用。西伯利亚分布种。

（283）黄芩

（*Scutellaria baicalensis* Georgi）

多年生广幅旱中生草本。生于山地、丘陵砾石地、沙质地；草甸草原及山地草原常见种。药用。达乌里—蒙古分布种。

（284）纤弱黄芩（*Scutellaria dependens* Maxim.）

多年生耐阴中生草本。生于山地林下、林间草甸、沟谷沼泽草甸。东亚分布种。

（285）光萼青兰
（*Dracocephalum argunense* Fisch. ex Link）

多年生中生草本。生于山地草甸、林缘、灌丛、沟谷。东部西伯利亚分布种。

（286）块根糙苏（*Phlomis tuberosa* L.）

多年生旱中生高大草本。生于山地沟谷草甸、山地灌丛、林缘；杂类草草甸优势种。药用。旧世界温带分布种。

（287）香薷［*Elsholtzia ciliata*（Thunb.）Hyland］

多年生中生草本。生于林下、林缘、沟谷、河岸草甸、撂荒地。北温带—热带分布种。

（288）水棘针（*Amethystea coerulea* L.）

一年生中生草本。生于河滩沙地、田边、路旁；散生或形成小群落。温带亚洲分布种。

（289）益母草（*Leonurus japonicus* Houtt.）

一二年生中生草本。生于田野、村舍附近。药用。世界分布种。

（290）百里香（*Thymus serpyllum* L.）

旱生小半灌木。生于沙砾质平地、石质丘陵、山地阳坡；草原群落的伴生种。药用。华北分布种。

（291）地笋（*Lycopus lucidus* Turcz. ex Benth.）

多年生湿中生草本。生于河滩沼泽草甸、沼泽化草甸及低湿地。药用。东亚分布种。

（292）野芝麻

（*Lamium barbatum* Sieb. et Zucc.）

多年生中生草本。生于山地林缘草甸。药用。北温带—北极分布种。

（293）兴安薄荷（*Mentha dahurica* Fisch. ex Benth.）

多年生湿中生草本。生于河滩湿地及草甸。药用。东部西伯利亚分布种。

（294）毛水苏

（*Stachys baicalensis* Fisch. ex Benth.）

多年生湿中生草本。生于低湿草甸、河谷草甸、沼泽草甸。东部西伯利亚分布种。

（295）鼬瓣花

（*Galeopsis bifida* Boenn.）

一年生中生草本。生于林缘、草甸、田边、路旁。北温带分布种。

53．茄科

（296）泡囊草［*Physochlaina physaloides*（L.）G. Don］

多年生旱中生草本。生于砾石质阳坡；早春开花植物。药用；有毒植物。温带亚洲分布种。

54．玄参科

（297）柳穿鱼

［*Linaria vulgaris* Mill. subsp. *sinensis*（Bebeaux）Hong］

多年生旱中生草本。生于山地草甸、路边。药用。达乌里—蒙古分布种。

（298）多枝柳穿鱼（*Linaria buriatica* Turcz. ex Benth.）

多年生旱中生草本。生于草原。达乌里—蒙古分布种。

（299）疗齿草［*Odontites serotina*（Lam.）Dum.］

一年生广幅中生草本。生于低湿草甸、水边。药用。旧世界温带分布种。

（300）达乌里芯芭（*Cymbaria dahurica* L.）

多年生旱生草本。生于山地草原；草原群落的生态指示种。药用。东部西伯利亚分布种。

（301）红纹马先蒿

（*Pedicularis striata* Pall.）

多年生中生草本。生于山地草甸、林缘草甸、疏林。药用。达乌里—蒙古分布种。

（302）**返顾马先蒿**（*Pedicularis resupinata* L.）

多年生中生草本。生于山地林下、林缘草甸、沟谷草甸。西伯利亚分布种。

（303）**华北马先蒿**（*Pedicularis tatarinowii* Maxim.）

一年生中生草本。生于山地草甸、林缘草甸。华北分布种。

（304）**卡氏沼生马先蒿**（*Pedicularis palustris* L.）

一年生湿生草本。生于湿草甸、沼泽草甸。东部西伯利亚分布种。

（305）**轮叶马先蒿**（*Pedicularis verticillata* L.）

多年生中生草本。生于沼泽草甸、低湿草甸。旧世界温带—北极分布种。

（306）**阴行草**（*Siphonostegia chinensis* Benth.）

一年生中生草本。生于山坡草地。药用。东亚分布种。

（307）**草本威灵仙（轮叶婆婆纳）**

［*Veronicastrum sibiricum*（L.）Pennell］

多年生中生高大草本。生于山地阔叶林下、林缘草甸及灌丛；林缘常见种，常聚生成小群落。药用。中国—日本分布种。

（308）**大婆婆纳**（*Veronica dahurica* Stev.）

多年生中生草本。生于山坡、沟谷、低地草甸；草甸常见种。温带亚洲分布种。

（309）**长尾婆婆纳**

（*Veronica longirolia* L.）

多年生中生草本。生于山地林下、林缘草甸、沟谷草甸、山坡灌丛。旧世界温带分布种。

（310）细叶婆婆纳（*Veronica linariifolia* Pall. ex Link）

多年生旱中生草本。生于山坡草地、草甸草原、灌丛。草甸草原常见种。药用。东部西伯利亚分布种。

（311）北水苦荬
（*Veronica anagallis-aquatica* L.）

多年生水生草本。生于溪水边、沼泽地。旧世界温带分布种。

（312）白婆婆纳
（*Veronica incana* L.）

多年生旱中生草本。生于山坡草地。达乌里—蒙古分布种。

（313）松蒿［*Phtheirospermum japonicum*（Thunb.）Kanitz］

一年生中生草本。生于山地灌丛、沟谷草甸。东亚分布种。

55．列当科

（314）列当（*Orobanche coerulescens* Steph.）

多年生中生寄生肉质草本。生于固定沙地、向阳山坡、山沟草地。寄生于蒿属植物根上。药用。旧世界温带分布种。

56. 狸藻科

(315) 狸藻 (*Utricularia vulgaris* L.)

多年生水生草本。生于河岸沼泽、牛轭湖、浅水；食虫植物。北温带分布种。

57. 车前科

(316) 车前 (*Plantago asiatica* L.)

多年生湿中生草本。生于草甸、沟谷、路边、田野、河滩；药用。亚洲温带—热带分布种。

(317) 平车前 (*Plantago depressa* Willd.)

多年生中生草本。生于草甸、路边、田野、居民点附近。温带亚洲分布种。

58. 茜草科

(318) 大砧草
(*Rubia chinensis* Regel et Maack)

多年生中生草本。生于山地林下、林缘、草甸；中国—日本分布种。

(319) 蓬子菜 (*Galium verum* L.)

多年生中生草本。生于山地林缘、灌丛、草甸草原、杂类草甸；草甸草原群落的优势种。药用。旧世界温带分布种。

(320) 茜草 (*Rubia cordifolia* L.)

多年生中生攀援草本。生于山地杂木林下、林缘、路旁草丛。药用。亚洲温带—热带分布种。

（321）**沼生拉拉藤**（*Galium palustre* L.）

多年生中生草本。生于低湿草甸。偶见种。北温带分布种。

（322）**北方拉拉藤**（*Galium boreale* L.）

多年生中生草本。生于山地林下、林缘、灌丛、草甸。北温带—北极分布种。

59．接骨木科

（323）**接骨木**（*Sambucus williamsii* Hance）

中生灌木。生于山地灌丛、林缘、杂木林。林缘常见种。药用。东亚分布种。

60．防己科

（324）**蝙蝠葛**（*Menispermum dahuricum* DC.）

中生缠绕灌木。生于山地林缘、灌丛、沟谷；偶见种。温带亚洲分布种。

61．荚蒾科

（325）**鸡树条荚蒾**（*Viburnum sargentii* Koehnein）

中生灌木。生于河岸杂木林林缘；观赏灌木。中国—日本分布种。

62．败酱科

（326）**黄花败酱（黄花龙芽）**（*Patrinia scabiosaefolia* Fisch. ex Trev.）

多年生中生高大草本。生于山地草甸、杂类草草甸及林缘；杂类草草甸优势种。药用。东亚分布种。

（327）**岩败酱**

［*Patrinia rupestris*（Pall.）Juss.］

多年生旱中生草本。生于砾石山坡的草原群落。砾石质草原群落的优势种。东部西伯利亚分布种。

（328）缬草（*Valeriana officinalis* L.）

多年生中生草本。生于林下、林缘草甸、山地草甸及草甸草原。东部西伯利亚分布种。

63．桔梗科

（329）狭叶沙参［*Adenophora gmelinii*（Spreng.）Fisch.］

多年生旱中生草本。生于山地林缘及草甸草原。草甸草原及山地草原常见种。达乌里—蒙古分布种。

（330）厚叶沙参［*Adenophora gmelinii*（Beihler）Fisch. var. *pechyphylla*（Kitag.）Y. Z. Zhao］

多年生中生草本。生于山地林缘、沟谷草甸。达乌里—蒙古分布种。

（331）柳叶沙参［*Adenophora gmelinii*（Spreng.）Fisch. var. *coronopifolia*（Fisch.）Y. Z. Zhao］

多年生中生草本。生于山地林缘、沟谷草甸。达乌里—蒙古分布种。

（332）展枝沙参

（*Adenophora divaricata* Franch. et Savat.）

多年生中生草本。生于山地草甸、林缘；林缘常见种。中国—日本分布种。

（333）紫沙参（*Adenophora paniculata* Nannf.）

多年生中生草本。生于山地林缘、灌丛、沟谷草甸。华北分布种。

（334）荠苨（*Adenophora trachelioides* Maxim.）

多年生中生草本。生于林缘、林下或林间草甸。东北—华北分布种。

（335）轮叶沙参［*Adenophora tetraphylla*（Thunb.）Fisch.］

多年生中生草本。生于山地林缘、河滩草甸、固定沙丘间草甸；常见种。药用。

东亚分布种。

（336）**桔梗**［*Platycodon grandiflorum*（Jacq.）A. DC.］

多年生中生草本。生于山地或石质丘陵灌丛、林缘、山地草甸；石质山坡的常见种。药用。东亚分布种。

（337）**聚花风铃草**

（*Campanula glomerata* L. subsp. *cephalotes* Hong）

多年生中生草本。生于山地草甸、林间草甸、林缘；林缘及林间草甸的常见种。药用。旧世界温带分布种。

（338）**紫斑风铃草**（*Campanula punctata* Lamk.）

多年生中生草本。生于山地林间草甸、林缘、灌丛、林下。药用。中国—日本分布种。

64. 川续断科

（339）**华北蓝盆花**

（*Scabiosa tschiliensis* Grunning）

多年生旱中生草本。生于沙质草地、草甸草原；常见伴生种。东北—华北—蒙古草原分布种。

65. 菊科

（340）全叶马兰
（*Kalimeris integrifolia* Turcz. ex DC.）

多年生中生草本。生于山地林缘、草甸草原、河岸、路边。中国—日本分布种。

（341）裂叶马兰［*Kalimeris incisa*（Fisch.）DC.］

多年生中生草本。生于河岸、林内、灌丛、山地草甸。中国—日本分布种。

（342）阿尔泰狗娃花［*Heteropappus altaicus*（Will.）Novopokr］

多年生旱中生草本。生于草甸草原、山地、丘陵、路旁、村舍边；重要的草原伴生植物。药用。温带亚洲分布种。

（343）东风菜［*Doellingeria scaber*（Thunb.）Nees.］

多年生中生高大草本。生于林下、林缘；林下伴生种。药用。中国—日本分布种。

（344）高山紫菀
（*Aster alpinus* L.）

多年生中生草本。生于山地草原、碎石山坡。旧世界温带分布种。

(345) **紫菀**
(*Aster tataricus* L.)

多年生中生草本。生于山地林下、林缘、灌丛、沟边；林缘常见种。药用。中国—日本分布种。

(346) **长茎飞蓬**
(*Erigeron elongatus* Ledeb.)

多年生中生草本。生于林缘、草甸；林缘或草甸常见种。北温带—北极分布种。

(347) **火绒草** [*Leontopodium leontopodioides* (Willd.) Beauv.]

多年生旱生草本。生于山地草原、向阳山坡；山坡草地常见种。药用。温带亚洲分布种。

(348) **团球火绒草** [*Leontopodium conglobatum* (Turcz.) Hand.-Mazz.]

多年生旱中生草本。生于山地灌丛、石质山坡。东部西伯利亚分布种。

(349) **绵毛欧亚旋覆花** (*Inula britanica* L. var. *sublanata* Kom.)

多年生中生草本。生于林缘、草甸、农田、地埂、湿草地。中国东部分布种。

(350) **旋覆花** [*Inula britanica* L. var. *japonica* (Thunb.) Franch. et Sav.]

多年生中生草本。生于林缘、草甸、农田、地埂、湿草地；常见种。中国东部分布种。

（351）柳叶旋覆花
（*Inula salicina* L.）

多年生中生草本。生于山地草甸、低湿地草甸。旧世界温带分布种。

（352）苍耳（*Xanthium sibiricum* Patrin ex Widder）

一年生中生草本。生于田野、路边；可形成小片群聚，田间杂草。药用。温带亚洲分布种。

（353）小花鬼针草（*Bidens parviflora* Willd.）

一年生中生草本。生于田野、路边、沟渠旁；杂草。东亚分布种。

（354）狼把草
（*Bidens tripartita* L.）

一年生湿中生草本。生于路边、低湿地；杂草。药用。世界分布种。

（355）短瓣蓍（*Achillea ptarmicoides* Maxim.）

多年生中生草本。生于山地草甸、杂类草草甸及林缘；伴生种。东北—达乌里分布种。

（356）丝叶蓍（*Achillea setacea* L.）

多年生中生草本。生于山地林缘、低湿草甸、沼泽草甸、沟谷；伴生种。东部西伯利亚分布种。

(357) 单叶蓍

[*Achillea acuminata* (Ledeb) Sch.-Bip.]

多年生中生草本。生于低湿草甸;常见的伴生植物。东部西伯利亚分布种。

(358) 蓍 (*Achillea millefolium* L.)

多年生中生草本。生于林缘草甸、低湿草甸。北温带分布种。

(359) 线叶菊 [*Filifolium sibiricum* (L.) Kitam.]

多年生耐旱旱中生草本。生于草甸草原、低山丘陵上部或顶部;可形成优势群系。温带亚洲分布种。

(360) 野菊 [*Chrysanthemum zawadskii* (Herb.) Tzvel. var. *latiloba* H.C.Fu.]

多年生中生草本。生于山坡草地、灌丛、草甸草原。东亚分布种。

(361) 紫花野菊 [*Dendranthema zawadskii* (Herb.) Tzvel.]

多年生中生草本。生于山地林缘、林下、山顶;晚秋开花植物。旧世界温带分布种。

(362) 光沙蒿 (*Artemisia oxycephala* Kitag.)

多年生旱生或旱中生草本。生于沙地、沙砾质河滩、田边、村旁;沙生半灌木群落的建群种,沙质草原伴生种。蒙古草原分布种。

(363) 宽叶山蒿

[*Artemisia stolonifera* (Maxim.) Kom.]

多年生中生草本。生于山地林下、林缘、灌丛、低湿草甸;作为杂草可生于农田、村舍附近。中国—日本分布种。

（364）**冷蒿**（*Artemisia firigida* Willd.）

广幅旱生小半灌木。生于草原带；草原小半灌木群落的主要建群种，也是其他草原群落的伴生植物或亚优势植物。优等牧草；药用。北温带分布种。

（365）**裂叶蒿**（*Artemisia tanacetifolia* L.）

多年生中生草本。生于草原草甸、林缘草甸；草甸、草甸草原及山地草原的伴生植物或亚优势植物，有时也出现在林缘和灌丛间。北温带分布种。

（366）**蒙古蒿**［*Artemisia mongolica*（Fisch. ex Bess.）Nakai］

多年生中生草本。生于阔叶林下、河谷、撂荒地；杂草，多散生，也可形成小群聚。温带亚洲分布种。

（367）**水蒿（蒌蒿）**（*Artemisia selengensis* Turcz. ex Bess.）

多年生湿中生草本。生于山地林下、林缘、河谷两岸；草甸和沼泽化草甸的优势种或伴生种。药用，食用。中国东部分布种。

（368）**铁杆蒿（万年蒿）**（*Artemisia sacrorum* Ledeb.）

多年生中生草本。生于干山坡、丘陵坡地、沙地；半灌木状杂草。温带亚洲分布种。

（369）**狭叶青蒿（龙蒿）**（*Artemisia dacunculus* L.）

多年生中生草本。生于撂荒地、村舍边的沙质土壤；半灌木状杂草。北温带分布种。

（370）**艾**（*Artemisia argyi* Levl. et Van.）

多年生中生杂草。生于沙质坡地、路旁、村舍附近、林缘、林下及灌丛。温带亚洲分布种。

（371）**野艾蒿**（*Artemisia lavandulaefolia* DC.）

多年生中生草本。生于山地林缘、灌丛、河滩草甸、农田、路旁；杂草。东亚分布种。

（372）**猪毛蒿（黄蒿）**（*Artemisia scoparia* Waldst. et Kit.）

一二年生旱生或旱中生草本。生于沙质草地；夏雨型草本层片的建群种或优势种。药用。旧世界温带分布种。

（373）**大籽蒿**（*Artemisia sieversiana* Ehrhart ex Willd.）

二年生中生草本。生于农田、路旁、畜群点、撂荒地；杂草。温带亚洲分布种。

（374）**柳蒿**（*Artemisia integrifolia* L.）

多年生中生草本。生于河滩草甸、林缘草甸、沼泽化草甸。西伯利亚分布种。

（375）**东北牡蒿**［*Artemisia manshurica*（Kom.）］

多年生中生草本。生于山地林缘、林下、灌丛。东亚分布种。

（376）**欧洲千里光**（*Senecio vulgaris* L.）

一年生中生草本。生于山坡、路边。旧世界温带分布种。

（377）**红轮狗舌草**

［*Tephroseris flammea*（Turcz. ex DC.）Holub］

多年生中生草本。生于丰富杂类草的草甸及林缘灌丛；林缘及林间草甸的常见种。东部西伯利亚分布种。

（378）**狗舌草**［*Tephroseris kirilowii*（Turcz. ex DC.）Holub］

多年生旱中生草本。生于草原、草甸草原、山地林缘。药用。旧世界温带—北极分布种。

（379）**湿生千里光**

（*Senecio arctious* Rupr.）

多年生湿生草本。生于河边、沼泽，可形成密集的群落片段。旧世界温带—北极分布种。

（380）**林荫千里光**（*Senecio nemorensis* L.）

多年生中生草本。生于山地林缘、河边草甸、河边柳灌丛。旧世界温带—北极分布种。

(381)麻叶千里光
(*Senecio cannabifolius* Less.)

多年生中生草本。生于山地林缘、河边草甸；草甸伴生种。药用。东部西伯利亚分布种。

(382)额河千里光(*Senecio argunensis* Turcz.)

多年生湿中生草本。生于山地林缘、河边草甸、河边柳灌丛。药用。旧世界温带—北极分布种。

(383)山尖子
(*Cacalia hastata* L.)

多年生中生草本。生于山地林缘、林下、河滩杂类草草甸；林缘草甸伴生种。药用。亚洲温带—北极分布种。

(384)蹄叶橐吾
[*Ligularia fischeri*(Ledeb.)Turcz.]

多年生中生高大草本。生于林缘草甸、河滩草甸、河边灌丛、湿草甸；林缘或湿草甸的指示种。东亚分布种。

（385）**大丁草**［*Leibnitzia anandria*（L.）Turcz.］

多年生中生草本。生于山地林缘草甸、林下；春秋两型植物。药用。中国—日本分布种。

（386）**小刺儿菜**［*Cirsium setosum*（Willd.）MB.］

多年生中生草本。生于田间、荒地、路旁；杂草，常形成小群聚。药用。中国—日本分布种。

（387）**烟管蓟**（*Cirsium pendulum* Fisch. ex DC.）

多年生中生草本。生于林下、河漫滩阶地、湿草地、林缘草甸；大型杂类草。中国—日本分布种。

（388）**莲座蓟**［*Cirsium esculentum*（Sievers）C. A. Mey.］

多年生湿中生草本。生于河漫滩阶地、湿草地、杂类草草甸；无茎或近无茎莲座型植株，苔草草甸恒有伴生种。药用。旧世界温带分布种。

（389）**绒背蓟**
（*Cirsium vlassovianum* Fisch.）

多年生中生草本。生于山地林缘、山坡草甸、河岸、草甸、沟谷及林缘；常见杂类草。东北—达乌里分布种。

（390）**飞廉**
（*Carduus crispus* L.）

二年生中生草本。生于路旁、田边；杂草。药用。北温带分布种。

（391）翅果菊［*Pterocypsela indica*（L.）Shih］

多年生中生草本。生于山地林下、沟谷。东亚分布种。

（392）伪泥胡菜

（*Serratula coronata* L.）

多年生中生草本。生于山地草甸、林缘草甸；杂类草草甸、林缘草甸的伴生种。旧世界温带分布种。

（393）草地麻花头（*Serratula komarovii* Iljin.）

多年生旱中生草本。生于山地沟谷草甸；杂类草草甸伴生种。蒙古草原分布种。

（394）麻花头（*Serratula centauroides* L.）

多年生中生草本。生于草甸草原、沙质草原；常见伴生种。达乌里—蒙古分布种。

（395）山牛蒡

［*Synurus deltoides*（Ait.）Nakai］

多年生中生草本。生于林缘、灌丛、林下、山坡草地；大型杂类草。中国—日本分布种。

（396）柳叶风毛菊［*Saussurea salicifolia*（L.）DC.］

多年生旱中生草本。生于山地草原；常见伴生种。东部西伯利亚分布种。

（397）羽叶风毛菊（*Saussurea maximowiczii* Herd.）

多年生中生草本。生于山地草甸、林缘、林下；常见伴生种。中国—日本分布种。

（398）美花风毛菊
[*Saussurea pulchella*(Fisch.)Fisch.]

多年生中生草本。生于山地林缘、灌丛、沟谷草甸；常见伴生种。东北—达乌里分布种。

（399）龙江风毛菊（*Saussurea amurensis* Turcz.）

多年生湿中生草本。生于沼泽化草甸。东部西伯利亚分布种。

（400）草地风毛菊［*Saussurea amara*（L.）DC.］

多年生中生草本。生于村旁、路边；常见杂草。旧世界温带分布种。

（401）密花风毛菊（*Saussurea acuminata* Turcz.）

多年生中生草本。生于河谷草地；达乌里—蒙古分布种。

（402）羽苞风毛菊（*Saussurea pectinata* Bunge ex DC.）

多年生中生草本。生于山地林缘、灌丛；常见伴生种。华北分布种。

（403）林风毛菊（*Saussurea sinuata* Kom.）

多年生中生草本。生于沟谷草甸、林缘。杂类草草甸常见种。东北分布种。

（404）东方婆罗门参（*Tragopogon orientalis* L.）

二年生中生草本。生于林下、山地草甸、路旁。旧世界温带分布种。

（405）兴安毛连菜（*Picris davarlca* Fisch.）

二年生中生草本。生于山野路边、林缘、林下、沟谷。温带亚洲分布种。

（406）猫儿菊（黄金菊）［*Achyrophorus ciliatus*（Thunb.）Sch.-Bip.］

多年生中生草本。生于山地林缘、草甸；常见种。药用。东部西伯利亚分布种。

（407）华北鸦葱（*Scorzonera albicaulis* Bunge）

多年生中生草本。生于山地林缘、林下、灌丛、草甸。药用。温带亚洲分布种。

（408）鸦葱（*Scorzonera austriaca* Willd.）

多年生旱中生草本。生于丘陵坡地、石质山坡；偶见种。旧世界温带分布种。

（409）桃叶鸦葱（*Scorzonera sinensis* Lipsch.）

多年生中生草本。生于丘陵坡地、石质山坡；草原伴生种。药用。华北分布种。

（410）丝叶鸦葱［*Scorzonera curvata*（Popl.）Lipsch.］

多年生旱生草本。生于丘陵坡地、沙质草地；偶见种。达乌里—蒙古分布种。

（411）东北鸦葱（*Scorzonera manshurica* Nakai）

多年生中生草本。生于高燥的山地阳坡。华北—蒙古草原分布种。

（412）蒲公英（*Taraxacum mongolicum* Hand.-Mazz.）

多年生中生草本。生于山坡草地、路边、田野、河岸沙质地；常见杂草。药用。温带亚洲分布种。

（413）异苞蒲公英（*Taraxacum heterolepis* Nakai et Koidz. ex Kitag.）

多年生中生草本。生于山野路边、林缘、林下、沟谷。常见杂草。东北分布种。

（414）东北蒲公英（*Taraxacum ohwianum* Kitam.）

多年生中生草本。生于山坡草地、路边、田野、河岸沙质地；常见杂草。东北—蒙古草原分布种。

（415）红梗蒲公英（*Taraxacum erythropodium* Kitag.）

多年生中生草本。生于山地草甸、轻盐渍化草甸。东北—华北—蒙古草原分布种。

（416）苣荬菜（苦菜）（*Sonchus arvensis* L.）

多年生中生草本。生于村舍附近、农田、路边；杂草。食用。世界分布种。

（417）乳苣

［*Mulgedium tataricum*（L.）DC.］

多年生中生草本。生于河滩、盐化草甸、田边；杂类草。旧世界温带分布种。

（418）**山莴苣**［*Lagedium sibiricum*（L.）Sojak］

多年生中生草本。生于山地林下、林缘、草甸、河边。亚洲温带—热带分布种。

（419）**祁州漏芦**［*Rhaponticum uniflorum*（L.）DC］

多年生旱中生草本。生于石质干草原、山坡草地；草原常见伴生种。药用。温带亚洲分布种。

（420）**粗毛山柳菊**（*Hieracium virosum* Pall.）

多年生中生草本。生于山地林缘、草甸。旧世界温带分布种。

（421）**伞花山柳菊**（*Hieracium umbellatum* L.）

多年生中生草本。生于山地草甸、林缘、林下、河边草甸。北温带分布种。

（422）**屋根草**（*Crepis tectorum* L.）

一二年生中生草本。生于山地草原、农田、撂荒地；杂草，可形成小群聚。旧世界温带分布种。

（423）**山苦荬**［*Ixeris chinensis*（Thunb.）Nakai］

多年生中生草本。生于山野、田间、撂荒地、路旁。药用。亚洲温带—热带分布种。

（424）**细叶黄鹌菜**［*Youngia tenuifolia*（Willd.）Babc. et Stebb.］

多年生中生草本。生于山地草甸、灌丛。西伯利亚分布种。

66．香蒲科

（425）**达香蒲**［*Typha davidiana*（Kronf.）Hand.-Mazz.］

多年生水生草本。生于河岸、牛轭湖边。世界分布种。

（426）**狭香蒲**（*Typha angustata* Bory et Chaub.）

多年生水生草本。生于河边浅水中、池塘。世界分布种。

67．黑三棱科

（427）**小黑三棱**（*Soarganium simplex* Huds.）

多年生湿生草本。生于河岸、牛轭湖边。药用。北温带分布种。

68．眼子菜科

（428）**穿叶眼子菜**（*Potamogeton perfoliatus* L.）

多年生沉水草本。生于河岸、牛轭湖边。世界分布种。

69．泽泻科

（429）**泽泻**［*Alisma orientale*（G. Sam.）Juz.］

多年生水生草本。生于沼泽。药用；有毒植物。温带亚洲分布种。

（430）**野慈姑**（*Sagittaria trifolia* L.）

多年生水生草本。生于浅水或水边沼泽。亚洲温带—热带分布种。

（431）**浮叶慈姑**

（*Sagittaria natans* Pall.）

多年生水生草本。生于池塘浅水中。国家二级保护植物。旧世界温带分布种。

70．花蔺科

（432）**花蔺**（*Butomus umbellatus* L.）

多年生挺水草本。生于水边沼泽、河道浅水中。旧世界温带分布种。

71．天南星科

（433）**菖蒲**（*Acorus calamus* L.）

多年生挺水草本。生于河岸、池塘、牛轭湖。北温带—热带分布种。

72．禾本科

（434）**短芒大麦草**［*Hordeum brevisubulatum*（Trin.）Link］

多年生中生草本。生于河岸低湿地。温带亚洲分布种。

（435）**披碱草**（*Elymus dahuricus* Turcz.）

多年生中生草本。生于河谷草甸、沼泽草甸、田野、山坡、路边；大型疏丛生长。温带亚洲分布种。

（436）**老芒麦**（*Elymus sibiricus* L.）

多年生中生草本。生于路边、山坡、丘陵、山地林缘、草甸草原；疏丛生长，有时可聚集成群落片段。优等牧草。北温带分布种。

（437）**垂穗披碱草**（*Elymus nutans* Griseb.）

多年生中生草本。生于路边、山坡、林下、林缘、草甸草原；疏丛生长，有时可聚集成群落片段。北温带分布种。

（438）**肥披碱草**（*Elymus excelsus* Turcz.）

多年生中生草本。生于山坡草甸、草甸草原、路旁；大型，疏丛生长，草甸草原常见种。中国—日本分布种。

（439）**羊草**（**碱草**）[*Leymus chinensis*（Trin.）Tzvel.]

多年生旱生—旱中生草本。广泛生长于各种生境中；建群种或优势种，可形成面积辽阔的羊草草原群系。优等牧草。达乌里—蒙古分布种。

（440）**中井鹅观草**（*Roegneria nakaii* Kitag.）

多年生中生草本。生于山地林缘草甸、沟谷草甸；疏丛生长。东北—华北分布种。

（441）**鹅观草**（*Roegneria kamoji* Ohwi）

多年生中生草本。生于山坡、山沟林缘草甸。东亚分布种。

（442）**冰草**[*Agropyron cristatum*（L.）Gaertn.]

多年生旱生草本。生于干燥草原、山坡、丘陵、沙地；在草原群落中可成为优势种或聚集成冰草斑块。优等牧草。旧世界温带分布种。

（443）**大臭草**（*Melica turczaninowiana* Ohwi）

多年生中生草本。生于山地林缘、山地灌丛。东部西伯利亚分布种。

（444）**水甜茅**[*Glyoeria triflora*（Korsh.）Kom.]

多年生湿生草本。生于河流、泥潭、低湿地；建群种或形成水甜茅群落。西伯利亚分布种。

（445）**芦苇**［*Phragmites australis*（Cav.）Trin. ex Steud.］

多年生广幅湿生草本。生于池塘、河边水中。可形成优势群系。药用。世界分布种。

（446）**早熟禾**（*Poa annua* L.）

一二年生中生草本。生于草甸或沙质草地。北温带分布种。

（447）**散穗早熟禾**（*Poa subfastigiata* Trin.）

多年生湿中生草本。生于河谷滩地草甸；建群种或优势种。西伯利亚分布种。

（448）**额尔古纳早熟禾**（*Poa argunensis* Roshev.）

多年生中生草本。生于石质山坡草地、沙地。达乌里—蒙古分布种。

（449）**细叶早熟禾**（*Poa angustifolia* L.）

多年生中生草本。生于山地林缘草甸、沟谷河滩草甸；优势种。旧世界温带分布种。

（450）**硬质早熟禾**（*Poa sphondylodes* Trin. ex Bunge）

多年生旱生草本。生于山地、沙地、草原、草甸；草甸草原常见种。中国—日本—蒙古草原分布种。

（451）**草地早熟禾**（*Poa pratensis* L.）

多年生中生草本。生于草甸、草甸化草原、山地林缘及林下。旧世界温带—北极分布种。

（452）**林地早熟禾**（*Poa nemoralis* L.）

多年生中生草本。生于山地林缘、林下及灌丛。北温带分布种。

（453）**鹤甫碱茅**［*Puccinellia hauptiana*（Trin.）Krecz.］

多年生中生草本。生于河边低湿地、路旁水洼地。北温带分布种。

（454）**无芒雀麦**（*Bromus inermis* Leyss.）

多年生中生草本。生于草甸、林缘、山间谷地、河边、路旁；草甸草原或河滩草甸的建群种或优势种。优等牧草。旧世界温带分布种。

（455）**缘毛雀麦**（*Bromus ciliatus* L.）

多年生中生草本。生于林缘草甸、山地草甸。东亚—北美分布种。

（456）**耐酸草**［*Bromus ciliatus* L. var. *richardsonii*（Link）Y. Q. Jiang］

多年生中生草本。生于林缘草甸、山地草甸。东亚—北美分布种。

（457）**落草**［*Koeleria macrantha*（Ledeb.）Schult.］

多年生中生丛生草本。生于草原及草原化草甸，是它们的恒有种。北温带分布种。

（458）**异燕麦**［*Helictotrichon schellianum*（Hack.）Kitag.］

多年生旱生草本。生于山地草原、林间、林缘草甸；有时可形成优势种，构成草原群落片段。旧世界温带分布种。

（459）**看麦娘**（*Alopecurus aequalis* Sobol.）

一年生湿中生草本。生于河滩草甸、低地湿草甸。北温带分布种。

（460）**光稃茅香**（*Hierochloe glabra* Trin.）

多年生中生草本。生长于河谷草甸、湿润草地、田野。东部西伯利亚分布种。

（461）**拂子茅**［*Calamagrostis epigejos*（L.）Roth］

多年生中生草本。生于河滩草甸、山地草甸、沟谷、低地、沙地；可形成优势群系。旧世界温带分布种。

（462）**假苇拂子茅**［*Calamagrostis pseudophragmites*（Hall.）Koeler.］

多年生中生草本。生于河滩、沟谷、低地、沙地、山坡草地或阴湿之处；可形成优势群系。旧世界温带分布种。

（463）**小叶章**（*Calamagrostis angustifolia* Kom.）

多年生湿中生草本。生于湿草甸、林缘草甸、沟谷；可形成优势群系。东北—俄罗斯远东区分布种。

（464）**大叶章**［*Calamagrostis langsdorffii*（Link）Kunth］

多年生中生草本。生于山地林缘草甸、沼泽草甸、林下、河谷及湿草甸；大型杂类草。北温带—北极分布种。

（465）**巨序剪股颖（小糠草）**（*Agrostis gigantea* Roth）

多年生中生草本。生于林缘、沟谷、山沟溪边、路旁；河滩湿草甸的建群种或伴生种。北温带分布种。

（466）**茵草**［*Beckmannia syzigachne*（Steud.）Fernald］

一年生湿中生草本。生于水边、湿草甸；水边常见种。世界分布种。

（467）**贝加尔针茅（狼针草）**（*Stipa baicalensis* Roshev.）

多年生旱中生丛生草本。生于草甸草原；贝加尔针茅草原建群种。东部西伯利亚分布种。

（468）**稗**［*Echinochloa crusgalli*（L.）Beauv.］

一年生湿生草本。生于田野、耕地、路边、沟边水湿地；水边常见种，杂草。世界分布种。

（469）**西伯利亚羽茅**［*Achnatherum sibiricum*（L.）Keng］

多年生旱中生丛生草本。生于草原、草甸草原、山地林缘、灌丛；为草甸草原伴生种，有时可成为优势种。温带亚洲分布种。

（470）**糙隐子草**［*Cleistogenes squarrosa*（Trin.）Keng］

多年生旱生丛生草本。生于各种草原的小禾草层片中；是各类草原成分的优势成分，也可以成为亚优势种。旧世界温带分布种。

（471）**狗尾草**［*Setaria viridis*（L.）Beauv.］

一年生中生草本。生于荒地、路边、田野、坡地；杂草。药用。世界分布种。

（472）**紫穗狗尾草**［*Setaria viridis*（L.）Beauv. var. *purpurascens* Maxim.］

一年生中生草本。生于田野、水边、河边；杂草。世界分布种。

（473）**金色狗尾草**［*Setaria glauca*（L.）Beauv.］

一年生中生草本。生于路边；杂草，有时可在群落片段中形成优势种。旧世界温带—热带分布种。

（474）**断穗狗尾草**（*Setaria arenaria* Kitag.）

一年生中生草本。生于路旁、河滩沙地。蒙古草原分布种。

（475）**大油芒**（*Spodiopogon sibiricus* Trin.）

多年生旱中生草本。生于山地阳坡、砾石质草原、山地灌丛、草甸草原；高大禾草，有时可形成优势群落。中国—日本—蒙古草原分布种。

（476）**沿沟草**［*Catabrosa aquatica*（L.）Beauv.］

多年生湿生草本。生于河边、积水洼地、湿草甸；沼泽草甸常见种。北温带—北极分布种。

（477）**紫羊茅**（*Festuca rubra* L.）

多年生中生草本，疏丛或密丛生。生于山坡草地、草甸草原、路旁、灌丛等处。北温带—北极分布种。

73. 莎草科

（478）东方藨草（*Scirpus orientalis* Ohwi.）

多年生湿生草本。生于浅水沼泽、沼泽草甸。中国—日本分布种。

（479）水葱

（*Scirpus tabernaemontani* Gmel.）

多年生水生草本。生于浅水沼泽、沼泽草甸。北温带分布种。

（480）东方羊胡子草（*Eriophorum angustifolium* Honck.）

多年生湿生草本。生于河滩沼泽化草甸。北温带—北极分布种。

（481）羊胡子草（*Eriophorum vaginatum* L.）

多年生湿生草本。生于河边沼泽草甸、沼泽。旧世界温带分布种。

（482）槽杆荸荠［*Eleocharis equiaetiformis*（Meinsh）B. Fedsch.］

多年生湿生草本。生于河边、湖泡沼泽；可形成小群落。温带亚洲分布种。

（483）北薹草（*Carex obtusata* Liljbl.）

多年生中生草本。生于阔叶林下、林缘、山地草甸或草原。北温带分布种。

（484）大穗薹草（*Carex rhynchophysa* C. A. Mey.）

多年生湿生草本。生于山地林缘草甸、溪边沼泽化草甸。旧世界温带分布种。

（485）早春薹草［*Carex subpediformis*（Kuekenth.）Suto et Suzuki］

多年生中生草本。生于山坡、疏林草地。中国东部分布种。

（486）翼果薹草

（*Carex neurocarpa* Maxim.）

多年生湿生草本。生于沼泽化草甸。中国—日本分布种。

（487）黄囊薹草（*Carex korshinskyi* Kom.）

多年生旱中生草本。生于石质山坡、草原、沙丘；羊草草原的伴生种。东部西伯利亚分布种。

（488）灰脉薹草［*Carex appendiculata*（Trautv.）Kukenth.］

多年生湿生草本。生于河岸踏头沼泽地；踏头薹草的常见种。亚洲温带—北极分布种。

（489）寸草薹（*Carex duriuscula* C. A. Mey.）

多年生旱中生草本。生于盐渍低地、盐化草甸、草原过渡放牧草地；过度放牧时可形成优势群落片段。西伯利亚分布种。

（490）尖嘴薹草

（*Carex leiorhyncha* C. A. Mey.）

多年生湿生草本。生于山地林缘草甸、溪边沼泽化草甸；沼泽化草甸伴生种。东北—华北分布种。

（491）脚薹草（日荫菅）（*Carex physodes* M. B.）

多年生旱中生草本。生于山地、丘陵坡地、湿润沙地、草原、林下、林缘；草甸草原、山地草原优势种，山地山杨、白桦林伴生种。东亚分布种。

(492)山林薹草(*Carex yamatscudana* Ohwi)

多年生中生草本。生于林下。旧世界温带—北极分布种。

(493)膨囊薹草(*Carex schmidtii* Meinsh)

多年生湿中生草本。生于沼泽、沼泽化草甸。东部西伯利亚分布种。

(494)野笠薹草

(*Carex drymophila* Turcz. ex Steud.)

多年生中生草本。生于河岸湿草甸。东部西伯利亚分布种。

(495)狭囊薹草(*Carex cruenta* Nees)

多年生湿中生草本。生于林下、草甸。东部西伯利亚分布种。

74. 灯心草科

(496)细灯心草[*Juncus gracillimus*(Buch.)Krecz. et Gontsch.]

多年生湿生草本。生于河边、湖边、沼泽化草甸、沼泽。中国—日本分布种。

75. 水麦冬科

(497)水麦冬(*Triglochin pulustre* L.)

多年生中生草本。生于河边、湖边、沼泽化草甸、沼泽。北温带分布种。

76. 百合科

(498)少花顶冰花[*Gagea pauciflora*(Turcz. ex Trautv.)Ledeb.]

多年生中生草本。生于山地草甸或灌丛;早春类短命植物。温带亚洲分布种。

(499)细叶百合(山丹)(*Lilium tenuifolium* DC.)

多年生中生草本。生于干山坡、山地灌丛、草甸、林缘、草甸草原;药用。东部西伯利亚分布种。

（500）**毛百合**
（*Lilium dauricum* Ker-Gawl.）

多年生中生高大草本。生于山地灌丛、疏林下、沟谷草甸。药用。东部西伯利亚分布种。

（501）**有斑百合**［*Lilium concolor* Salisb. var. *pulchellum*（Fisch.）Regel］

多年生中生草本。生于山地草甸、林缘、草甸草原；草甸草原伴生种。药用。东北—华北分布种。

77．葱科

（502）**矮韭**（*Allium anisopodium* Ledeb.）

多年生旱中生草本。生于山坡、草地、固定沙地；草原伴生种。蒙古草原分布种。

（503）**辉韭**（*Allium strictum* Schard.）

多年生中生草本。生于山地林下、林缘、沟边、低湿地。旧世界温带分布种。

（504）**山葱（山韭）**
（*Allium senescens* L.）

多年生旱中生草本。生于草原、草甸、砾石质山坡；草甸草原及草原伴生种。食用。旧世界温带分布种。

（505）**双齿葱**（*Allium bidentatum* Fisch）

多年生旱生草本。生于草原、山地阳坡。达乌里—蒙古分布种。

（506）**细叶韭**（*Allium tenuissimum* L.）

多年生旱生草本。生于草原、山地草原的山坡、沙地；草原伴生种。温带亚洲分布种。

（507）**野韭**
（*Allium sacculiferum* Maxim.）

多年生旱中生草本。生于草原砾石质坡地、草甸草原、草原化草甸。食用。西伯利亚分布种。

（508）**硬皮葱**
（*Allium ledebourianum* Roem. et Schult.）

多年生旱中生草本。生于山地草甸、河谷草甸。达乌里—蒙古分布种。

78. 铃兰科

（509）铃兰
（*Convallaria majalis* L.）

多年生中生草本。生于林下、林间草甸、灌丛。药用。温带亚洲分布种。

（510）舞鹤草

[*Maianthemum bifolium*（L.）F. W. Schmidt]

多年生中生草本。生于白桦林下。东亚—北美分布种。

（511）黄精（*Polygonatum sibiricum* Delar. ex Redoute）

多年生中生草本。生于山地林下、林缘、灌丛、山地草甸。药用。温带亚洲分布种。

（512）小玉竹（*Polygonatum humile* Fisch. ex Maxim.）

多年生中生草本。生于山地林下、林缘、灌丛、山地草甸、草甸草原。药用。西伯利亚分布种。

（513）玉竹

[*Polygonatum odoratum*（Mill.）Druce]

多年生中生草本。生于山地林下、林缘、灌丛、山地草甸、草甸草原。林下或林缘常见种。旧世界温带分布种。

79．萱草科

（514）小黄花菜

（*Hemerocallis minor* Mill.）

多年生中生草本。生于山地草原、林缘、灌丛；草甸草原和杂类草草原的优势种。药用，食用。西伯利亚分布种。

80．藜芦科

（515）藜芦（*Veratrum nigrum* L.）

多年生中生高大草本。生于山坡林下、林缘、草甸；林缘草甸常见种。药用。旧世界温带分布种。

（516）兴安藜芦

[*Veratrum dahuricum*（Turcz.）Loes.]

多年生中生草本。生于山地草甸、草甸草原。东北—达乌里分布种。

81. 重楼科

（517）北重楼

（*Paris verticilata* M.-Bieb.）

多年生中生草本。生于山坡白桦林下；林下草本层偶见种。中国—日本分布种。

82. 天门冬科

（518）兴安天门冬（*Asparagus dauricus* Fisch. ex Link）

多年生旱中生草本。生于林缘、草甸草原、草原、石质山坡。达乌里—蒙古分布种。

83. 鸢尾科

（519）溪荪

（*Iris sanguinea* Donn ex Hornem）

多年生湿中生丛生草本。生于山地水边草甸、沼泽化草甸；沼泽化草甸伴生种。中国—日本分布种。

（520）囊花鸢尾（*Iris ventricosa* Pall.）

多年生旱中生草本。生于草原、草甸草原、草原化草甸、山地林缘草甸；草甸草原伴生种。达乌里—蒙古分布种。

（521）射干鸢尾（*Iris dichotoma* Pall.）

多年生旱中生草本。生于山地林缘、灌丛、草原；草原、草甸草原及山地草原常见杂类草。药用。达乌里—蒙古分布种。

（522）单花鸢尾
（*Iris uniflora* Pall. ex Link）

多年生中生草本。生于山地林下、林缘；阔叶林下及林缘草甸伴生种。东北—达乌里分布种。

（523）粗根鸢尾
（*Iris tigridia* Bunge）

多年生旱生草本。生于丘陵坡地、山地草原、林缘。东部西伯利亚分布种。

84．兰科

（524）手掌参［*Gymnadenia conopsea*（L.）R. Br.］

多年生中生草本。生于沼泽化草甸、湿草甸、林缘草甸、山坡灌丛、林下；林下或林缘偶见种。药用。旧世界温带分布种。

(525) 大花杓兰
(*Cypripedium macranthus* Sw.)

多年生中生草本。生于林下、林间草甸、林缘草甸；林下或林缘偶见种。药用。旧世界温带分布种。

(526) 斑花杓兰
(*Cypripedium guttatum* Sw.)

又称紫斑杓兰、紫点杓兰。多年生中生草本。生于白桦林下、松桦混交林下；林下或林缘偶见种。药用。北温带分布种。

(527) 蜻蜓兰 [*Tulotis fuscescens* (L.) Czer. Addit. et Collig.]
多年生中生草本。生于林下、林间草甸、林缘草甸；林下或林缘偶见种。药用。温带亚洲分布种。

第二节　植物区系的物种组成

据统计，内蒙古额尔古纳国家湿地公园内共有种子植物 527 种，隶属 84 科 271 属。其中裸子植物 1 科 2 属 2 种，被子植物 83 科 269 属 525 种[1]（表 2-1）。

表 2-1 内蒙古额尔古纳国家湿地公园种子植物组成及与内蒙古全区比较

植物类型	额尔古纳国家湿地公园						内蒙古全区		
	科		属		种		科	属	种
	数量/个	百分比/%	数量/个	百分比/%	数量/个	百分比/%	数量/个	数量/个	数量/个
裸子植物	1	33.33	2	28.57	2	8.00	3	7	25
被子植物	83	66.94	269	39.44	525	21.74	124	682	2 415
种子植物	84	66.14	271	39.33	527	21.59	127	689	2 440

一、科的大小分析

按所含植物种数将全部科分为大科（≥20 属）、较大科（10～19 属）、中等科（6～9 属）、小科（2～5 属）和单属科（1 属）5 种类型[1]（表 2-2）。

表 2-2 内蒙古额尔古纳国家湿地公园种子植物科的大小统计

属数范围	科名	属数/个	种数/个	种数合计/个	属数范围	科名	属数/个	种数/个	种数合计/个
≥20	菊科 Asteraceae	36	85	129	2～5	虎耳草科 Saxifragaceae	2	2	19
	禾本科 Gramineae	26	44			缬草科 Valerianaceae	2	3	
10～19	蔷薇科 Rosaceae	18	42	125		泽泻科 Alismataceae	2	3	
	毛茛科 Ranunculaceae	15	35			百合科 Liliaceae	2	4	
	唇形科 Labiatae	13	16			鹿蹄草科 Pyrolaceae	2	3	
	十字花科 Cruciferae	12	18			松科 Pinaceae	2	2	
	伞形科 Umbelliferae	11	14			萝藦科 Asclepiadaceae	2	2	

属数范围	科名	属数/个	种数/个	种数合计/个	属数范围	科名	属数/个	种数/个	种数合计/个
6～9	蝶形花科 Papilionaceae	9	24	58	1	堇菜科 Violaceae	1	9	51
	玄参科 Scrophulariaceae	9	17			葱科 Alliaceae	1	7	
	石竹科 Caryophyllaceae	8	17			鸢尾科 Iridaceae	1	5	
2～5	莎草科 Cyperaceae	4	18	115		榆科 Ulmaceae	1	3	
	藜科 Chenopodiaceae	4	7			茶藨子科 Ribesiaceae	1	2	
	景天科 Crassulaceae	4	7			鼠李科 Rhamnaceae	1	2	
	报春花科 Primulaceae	4	5			香蒲科 Typhaceae	1	2	
	蓼科 Polygonaceae	3	16			车前科 Plantaginaceae	1	2	
	桔梗科 Campanulaceae	3	10			柳叶菜科 Onagraceae	1	3	
	杨柳科 Salicaceae	3	10			金丝桃科 Hypericaceae	1	2	
	铃兰科 Convallariaceae	3	5			远志科 Polygalaceae	1	2	
	龙胆科 Gentianaceae	3	5			荨麻科 Urticaceae	1	2	
	大戟科 Euphorbiaceae	3	4			小二仙草科 Haloragaceae	1	2	
	兰科 Orchidaceae	3	4			藜芦科 Melanthiaceae	1	2	
	紫草科 Boraginaceae	3	3			瑞香科 Thymelaeaceae	1	1	
	牻牛儿苗科 Geraniaceae	2	9			黑三棱科 Sparganiaceae	1	1	

属数范围	科名	属数/个	种数/个	种数合计/个	属数范围	科名	属数/个	种数/个	种数合计/个
2～5	茜草科 Rubiaceae	2	5	115	1	眼子菜科 Patamogetonaceae	1	1	51
	桦木科 Betulaceae	2	3			水麦冬科 Juncaginaceae	1	1	
	罂粟科 Papaveraceae	2	2			灯心草科 Juncaceae	1	1	
	旋花科 Convolvulaceae	2	2			杉叶藻科 Hippuridaceae	1	1	
	亚麻科 Linaceae	1	1			荚蒾科 Viburnaceae	1	1	
	芸香科 Rutaceae	1	1			凤仙花科 Balsaminaceae	1	1	
	卫矛科 Calastraceae	1	1			萱草科 Hemerocallidaceae	1	1	
	花荵科 Polemoniaceae	1	1			睡菜科 Menyanthaceae	1	1	
1	大麻科 Cannabaceae	1	1	16	1	紫堇科 Fumariaceae	1	1	14
	狸藻科 Lentibulariaceae	1	1			梅花草科 Parnassiaceae	1	1	
	檀香科 Santalaceae	1	1			茄科 Solanaceae	1	1	
	苋科 Amaranthaceae	1	1			列当科 Orobanchaceae	1	1	
	芍药科 Paeoniaceae	1	1			接骨木科 Sambucaceae	1	1	
	防己科 Menispermaceae	1	1			菟丝子科 Cuscutaceae	1	1	
	川续断科 Dipsacaceae	1	1			天门冬科 Asparagaceae	1	1	
	白花丹科 Plumbaginaceae	1	1			花蔺科 Butomaceae	1	1	

属数范围	科名	属数/个	种数/个	种数合计/个	属数范围	科名	属数/个	种数/个	种数合计/个
1	马齿苋科 Portulacaceae	1	1	16	1	锦葵科 Malvaceae	1	1	14
	重楼科 Trilliaceae	1	1			山茱萸科 Cornaceae	1	1	
	天南星科 Araceae	1	1			—	—	—	—
	豆科 Fabaceae	1	1			总计	271	527	527

其中大科有 2 个，占总科数的 2.38%，即菊科（36 属 85 种），占公园植物属数的 13.28%；禾本科（26 属 44 种），占公园植物属数的 9.59%。以上两科是公园植被的重要组成部分，两科种数占总种数的 24.48%。较大科有 5 个，占总科数的 5.59%，即蔷薇科（18 属 42 种）、毛茛科（15 属 35 种）、唇形科（13 属 16 种）、十字花科（12 属 18 种）和伞形科（11 属 14 种），共有 69 属 125 种，属数和种数分别占公园植物属数和种数的 25.46%和 23.72%。中等科有 3 个，蝶形花科（9 属 24 种）、玄参科（9 属 24 种）和石竹科（8 属 17 种），共 26 属 58 种，属数和种数分别占公园植物属数和种数的 9.59%和 11.01%。小科有 24 个，包括藜科、景天科、杨柳科、报春花科、龙胆科和紫草科等，共 64 属 134 种，属数和种数分别占公园植物属数和种数的 23.62%和 25.43%。单属科较多，共有 50 科，包括大麻科、榆科和鸢尾科等，共 50 属 81 种，属数和种数分别占公园植物属数和种数的 18.45%和 15.37%。

二、属的大小分析

内蒙古额尔古纳国家湿地公园植物属的大小按种数多少统计[2]。由表 2-3 可知，含 10～19 种的较大属有 4 属，为委陵菜属（*Potentilla*）（16 种）、艾蒿属（*Artemisia*）（14 种）、薹草属（*Carex*）（13 种）和蓼属（*Polygonum*）（11 种）。在属水平上，单种属最多，其数量占总属数的 63.84%，其次为 2～5 种的寡种属，其数量占总属数的 31.36%；在种水平上，寡种属种数最多，其数量占总种数的 44.97%，其次为单种属，种数占总种数的 32.83%。由此可知，单种属和较小属构成了内蒙古额尔古纳国家湿地公园植物区系的主体。

表 2-3 内蒙古额尔古纳国家湿地公园种子植物属的大小统计

种数范围	属		种	
	属数/个	总属数百分比/%	种数/个	总种数百分比/%
较大属（10～19 种）	4	1.48	54	10.25
中等属（6～9 种）	9	3.32	63	11.95
寡种属（2～5 种）	85	31.36	237	44.97
单种属（1 种）	173	63.84	173	32.83

第三节 植物区系特征

一、科的分布区类型及特征

根据吴征镒《〈世界种子植物科的分布区类型系统〉的修订》（2003 年），对内蒙古额尔古纳国家湿地公园 84 科植物进行归类统计[2, 3, 6]（表 2-4）。

表 2-4 内蒙古额尔古纳国家湿地公园植物科的分布区类型

代码	分布型	科名	种数占总科数的比例/%
1	世界分布（36 科）	藜科、苋科、石竹科、景天科、蔷薇科、亚麻科、远志科、瑞香科、鼠李科、马齿苋科、白花丹科、虎耳草科、牻牛儿苗科、金丝桃科、小二仙草科、睡菜科、狸藻科、杉叶藻科、唇形科、茄科、玄参科、接骨木科、菟丝子科、堇菜科、旋花科、车前科、菊科、香蒲科、水麦冬科、泽泻科、眼子菜科、灯心草科、莎草科、禾本科、百合科、葱科	42.86
2	泛热带分布（15 科）	榆科、大麻科、荨麻科、檀香科、防己科、蝶形花科、芸香科、大戟科、萝藦科、锦葵科、卫矛科、凤仙花科、茜草科、天南星科、兰科	17.86

代码	分布型	科名	种数占总科数的比例/%
2-1	热带亚洲、大洋洲和热带美洲（1科）	鸢尾科	1.19
2-2	热带亚洲、热带非洲、热带美洲（1科）	豆科	1.19
4	旧世界热带分布（1科）	天门冬科	1.19
8	温带分布（17科）	松科、杨柳科、蓼科、毛茛科、芍药科、罂粟科、十字花科、茶藨子科、伞形科、山茱萸科、报春花科、龙胆科、列当科、紫草科、桔梗科、花蔺科、延龄草科	20.24
8-4	北温带和南温带间断分布（10科）	桦木科、梅花草科、紫堇科、柳叶菜科、花荵科、缬草科、鹿蹄草科、铃兰科、藜芦科、黑三棱科	11.90
9	东亚及北美间断分布（1科）	荚蒾科	1.19
10	旧世界温带分布（1科）	萱草科	1.19
10-3	欧亚和南非（1科）	川续断科	1.19

从科的水平上看，世界分布类型最多，有 36 科，科数占本区全部科数量的 42.86%；其次为温带分布类型及变型，有 27 科，科数占本区全部科数量的 32.14%；再次是热带分布类型及变型，有 17 科，科数占本区全部科数量的 20.24%。其余分布区类型各只有 1 科。

二、属的分布区类型及特征

根据吴征镒《中国种子植物属的分布区类型》的划分[1]，对内蒙古额尔古纳国家湿地公园种子植物属的分布区类型进行划分。由表 2-5 可知，内蒙古额尔古纳国家湿地公园种子植物属分属于 15 个分布区类型中的 12 个类型。

表 2-5　内蒙古额尔古纳国家湿地公园种子植物属的分布区类型

代码	分布区类型	属数/个	占公园总属数的比例/%	代码	分布区类型	属数/个	占公园总属数的比例/%
1	世界分布	49	18.08	9	东亚—北美间断分布	11	4.06
2	泛热带分布	6	2.21	10	欧亚温带分布或旧世界温带分布	43	15.87
3	热带亚洲和热带美洲分布	1	0.37	10-1	地中海区至西亚和东亚间断分布	1	0.37
4	旧世界热带分布	3	1.11	10-2	地中海与喜马拉雅间断分布	1	0.37
6-2	热带亚洲和东非或马达加斯加间断分布	1	0.37	10-3	欧亚和南非间断分布	7	2.58
7	热带亚洲分布	1	0.37	11	温带亚洲分布	19	7.01
8	北温带广布	47	17.34	12-1	地中海区至中亚和南非洲间断和/或大洋洲间断分布	1	0.37
8-2	北极—高山型	3	1.11	12-3	地中海区至温带至热带亚洲分布	1	0.37
8-4	泛温带分布	60	22.14	14	东亚分布	4	1.48
8-5	北温带和中南美山区间断分布	12	4.43				

（一）世界分布

共有 49 属。在内蒙古额尔古纳国家湿地公园内世界分布类型主要由以下属组成：木本植物仅有铁线莲属（*Clematis*）、悬钩子属（*Rubus*）、卫矛属（*Euonymus*）和鼠李属（*Rhamnus*）4 属；其他均为草本，其中有水生或沼生植物属如慈姑属（*Sagittaria*）、香蒲属（*Typha*）、水麦冬属（*Triglochin*）、狐尾藻属（*Myriophyllum*）、灯心草属（*Juncus*）、狸藻属（*Utricularia*）、眼子菜属（*Potamogeton*）等，其次是伴人植物属如苋属（*Amaranthus*）、繁缕属（*Stellaria*），鬼针草属（*Bidens*）、苍耳属（*Xanthium*）、艾蒿属（*Artemisia*）、千里光属（*Senecio*）、飞蓬属（*Erigeron*）、独行菜属（*Lepidium*）、蔊菜属（*Rorippa*）、车前属（*Plantago*）、酸模属（*Rumex*）、珍珠菜属（*Lysimachia*）、毛茛属（*Ranunculus*）、拉拉藤属（*Galium*）、堇菜属（*Viola*）等，再次还有草甸中的主要成分，如剪股颖属（*Agrostis*）、早熟禾属（*Poa*）、甜茅属（*Glyoeria*）、羊茅属（*Festuca*）等。

（二）泛热带分布

该分布区类型包括 6 属，即凤仙花属（*Impatiens*）、狗尾草属（*Setaria*）、芦苇属（*Phragmites*）、稗属（*Echinochloa*）、马齿苋属（*Portulaca*）和菟丝子属（*Cuscuta*）。

（三）热带亚洲和热带美洲分布

1 属，地榆属（*Sanguisorba*）。

（四）旧世界热带分布

3 属，百蕊草属（*Thesium*）、天门冬属（*Asparagus*）和白饭树属（*Flueggea*）。

（五）热带亚洲和东非或马达加斯加间断分布

1 属，蓝雪属（*Limonium*）。

（六）热带亚洲分布

1 属，苦荬菜属（*Ixeris*）。

（七）北温带广布及其变型

该分布类型在本区共 122 属，草本植物种类极为丰富。其中，泛温带分布变型属种类最多，有 60 属，包括禾本科 10 属，披碱草属（*Elymus*）、针茅属（*Stipa*）、雀麦属（*Bromus*）、拂子茅属（*Calamagrostis*）、异燕麦属（*Helictotrichon*）、碱茅属（*Puccinellia*）、臭草属（*Melica*）、茅香属（*Hierochloe*）、大麦属（*Hordeum*）和洽草属（*Koeleria*）；毛茛科 5 属，唐松草属（*Thalictrum*）、驴蹄草属（*Caltha*）、碱毛茛属（*Halerpestes*）、水毛茛属（*Batrachium*）和翠雀属（*Delphinium*）；蔷薇科 4 属，草莓属（*Fragaria*）、路边青属（*Geum*）、稠李属（*Padus*）和委陵菜属（*Potentilla*）；

菊科 4 属，紫菀属（*Aster*）、还阳参属（*Crepis*）、山柳菊属（*Hieracium*）和蓟属（*Cirsium*）；石竹科 3 属，蚤缀属（*Arenaria*）、蝇子草属（*Silene*）和卷耳属（*Cerastium*）；蝶形花科 3 属，野豌豆属（*Vicia*）、香豌豆属（*Lathyrus*）、三叶草属（*Trifolium*）；伞形科 3 属，柴胡属（*Bupleurum*）、茴芹属（*Pimpinella*）和当归属（*Angelica*）；紫草科 3 属，勿忘草属（*Myosotis*）、琉璃草属（*Cynoglossum*）和鹤虱属（*Lappula*）；十字花科 2 属，遏蓝菜属（*Thlaspi*）和播娘蒿属（*Descurainia*）；唇形科 2 属，薄荷属（*Mentha*）和地笋属（*Lycopus*）；其余各科均有 1 属，桤木属（*Alnus*）、柳属（*Salix*）、地肤属（*Kochia*）、蓼属（*Polygonum*）、罂粟属（*Papaver*）、茜草属（*Rubia*）、茶藨属（*Ribes*）、金腰属（*Chrysosplenium*）、亚麻属（*Linum*）、梾木属（*Swida*）、打碗花属（*Calystegia*）、景天属（*Sedum*）、花锚属（*Halenia*）、柳叶菜属（*Epilobium*）、接骨木属（*Sambucus*）、鹿蹄草属（*Pyrola*）、婆婆纳属（*Veronica*）、黑三棱属（*Soarganium*）、泽泻属（*Alisma*）、羊胡子草属（*Eriophorum*）和葱属（*Allium*）。主型有 47 属，蔷薇科 7 属，绣线菊属（*Spiraea*）、蔷薇属（*Rosa*）、龙芽草属（*Agrimonia*）、蚊子草属（*Filipendula*）、山楂属（*Crataegus*）、苹果属（*Malus*）和沼委陵菜属（*Comarum*）；毛茛科 4 属，升麻属（*Cimicifuga*）、耧斗菜属（*Aquilegia*）、白头翁属（*Pulsatilla*）和乌头属（*Aconitum*）；铃兰科 3 属，铃兰属（*Convallaria*）、黄精属（*Polygonatum*）和舞鹤草属（*Maianthemum*）；松科、蝶形花科、报春花科、伞形科、玄参科、石竹科和禾本科各 2 属，分别为松属（*Pinus*）、落叶松属（*Larix*）、岩黄芪属（*Hedysarum*）、棘豆属（*Oxytropis*）、海乳草属（*Glaux*）、七瓣莲属（*Trientalis*）、独活属（*Heracleum*）、毒芹属（*Cicuta*）、马先蒿属（*Pedicularis*）、柳穿鱼属（*Linaria*）、剪秋萝属（*Lychris*）、种阜草属（*Moehringia*）、鹅观草属（*Roegneria*）、菵草属（*Beckmannia*）；其余各科仅含 1 属，包括桦木属（*Betula*）、杨属（*Populus*）、榆属（*Ulmus*）、芍药属（*Paeonia*）、南芥属（*Arabis*）、八宝属（*Hylotelephium*）、扁蕾属（*Gentianopsis*）、紫堇属（*Corydalis*）、梅花草属（*Parnassia*）、荚蒾属（*Viburnum*）、青兰属（*Dracocephalum*）、杉叶藻属（*Hippuris*）、风铃草属（*Campanula*）、狗舌草属（*Tephroseris*）、藜芦属（*Veratrum*）、百合属（*Lilium*）、鸢尾属（*Iris*）、杓兰属（*Cypripedium*）和花蔺属（*Butomus*）。北极—高山型有 3 属，金莲花属（*Trollius*）、单侧花属（*Orthilia*）和红景天属（*Rhodiola*）。北温带和中南美山区间断分布变型有 12 属，葶苈属（*Draba*）、列当属（*Orobanche*）、缬草属（*Valeriana*）、点地梅属（*Androsace*）、虎耳草属（*Saxifraga*）、花葱属

（*Polemonium*）、蒲公英属（*Taraxacum*）、火绒草属（*Leontopodium*）、猫儿菊属（*Hypochaeris*）、看麦娘属（*Alopecurus*）、沿沟草属（*Catabrosa*）和赖草属（*Leymus*）。

（八）东亚—北美间断分布

本区有 11 属，野决明属（*Trermopsis*）、胡枝子属（*Lespedeza*）、蝙蝠葛属（*Menispermum*）、地蔷薇属（*Chamaerhodos*）、珍珠梅属（*Sorbaria*）、蛇床属（*Cnidium*）、东风菜属（*Doellingeria*）、大丁草属（*Leibnitzia*）、菖蒲属（*Acorus*）和地锦属（*Euphorbia*）。

（九）欧亚温带分布或旧世界温带分布及其变型

共 52 属，主型分布属种类最多，其中包括菊科 11 属，麻花头属（*Serratula*）、蓍属（*Achillea*）、乳苣属（*Mulgedium*）、风毛菊属（*Saussurea*）、菊属（*Dendranthema*）、毛连菜属（*Picris*）、旋覆花属（*Inula*）、飞廉属（*Carduus*）、苣荬菜属（*Sonchus*）、蟹甲草属（Cacalia）、橐吾属（*Ligularia*）；唇形科 5 属，百里香属（*Thymus*）、香薷属（*Elsholtzia*）、鼬瓣花属（*Galeopsis*）、糙苏属（*Phlomis*）、益母草属（*Leonurus*）；十字花科 4 属，庭荠属（*Alyssum*）、糖芥属（*Erysimum*）、球果芥属（*Neslia*）和燥原荠属（*Ptilotrichum*）；玄参科 3 属，芯芭属（*Cymbaria*）、疗齿草属（*Odontites*）和阴行草属（*Siphonostegia*）；蔷薇科和禾本科各 2 属，山莓草属（*Sibbaldia*）、栒子属（*Cotoneaster*）、芨芨草属（*Achnatherum*）和隐子草属（*Kengia*）；其余各科均含 1 属，包括大黄属（*Rheum*）、麦瓶草属（*Pleconax*）、侧金盏花属（*Adonis*）、草木樨属（*Melilotus*）、瓦松属（*Orostachys*）、白屈菜属（*Chelidonium*）、白鲜属（*Dictamnus*）、锦葵属（*Malva*）、地梢瓜属（*Cynanchum*）、羊角芹属（*Aegopodium*）、败酱属（*Patrinia*）、沙参属（*Adenophora*）、顶冰花属（*Gagea*）、萱草属（*Hemerocallis*）、重楼属（*Paris*）和手参属（*Gymnadenia*）。地中海区至西亚和东亚间断分布 1 属，为鸦葱属（*Scorzonera*）。地中海与喜马拉雅间断分布 1 属，为鹅绒藤属（*Cynanchum*）。欧亚和南非间断分布 7 属，石竹属（*Dianthus*）、苜蓿属（*Medicago*）、野芝麻属（*Lamium*）、蓝盆花属（*Scabiosa*）、莴苣属（*Lagedium*）、婆罗门参属（*Tragopogon*）、冰草属（*Agropyron*）。

（十）温带亚洲分布

共 19 属，包括钻天柳属（*Chosenia*）、大麻属（*Cannabis*）、轴藜属（*Axyris*）、花旗杆属（*Dontostemon*）、杏属（*Armeniaca*）、狼毒属（*Stellera*）、蓝堇属（*Leptopyrum*）、防风属（*Saposhnikovia*）、迷果芹属（*Sphallerocarpus*）、柳叶芹属（*Czernaevia*）、裂叶荆芥属（*Schizonepeta*）、水棘针属（*Amethystea*）、泡囊草属（*Physochlaina*）、黄鹌菜属（*Youngia*）、狗哇花属（*Heteropappus*）、线叶菊属（*Filifolium*）、马兰属（*Kalimeris*）、山牛蒡属（*Synurus*）和大油芒属（*Spodiopogon*）。

（十一）中亚、西亚和地中海分布

仅 2 属，其中南非洲间断和/或大洋洲间断分布变型 1 属，为漏芦属（*Leuzea*），地中海区至温带至热带亚洲分布变型 1 属，为牻牛儿苗属（*Erodium*）。

（十二）东亚分布

4 属，桔梗属（*Platycodon*）、腹水草属（*Veronicastrum*）、松蒿属（*Phtheirospermum*）和翅果菊属（*Pterocypsela*）。

三、种地理成分多样性

根据《东北部种子植物种的分布区类型》[4, 5]，以及内蒙古额尔古纳国家湿地公园种子植物的调查统计，其种的地理成分类型如表 2-6 所示。

表 2-6　内蒙古额尔古纳国家湿地公园种子植物种的地理成分类型

区系代码	种地理成分	种数/种	比例/%
1	世界分布	19	—
2	北温带—北极分布	19	3.72
2-1	旧世界温带—北极分布	13	2.35
2-2	亚洲—北美—北极分布	2	0.39
2-3	亚洲温带—北极分布	11	2.15
3	西伯利亚分布	35	6.85

区系代码	种地理成分	种数/种	比例/%
3-1	东部西伯利亚分布	52	10.37
4	北温带分布	53	9.98
4-1	北温带—南温带分布	1	0.20
5	旧世界温带分布	72	13.11
6	亚洲—北美分布	5	0.98
6-1	东亚—北美分布	3	0.59
7	温带亚洲分布	68	13.31
8	东亚分布	20	4.11
10	中国—日本分布	45	8.81
10-1	东北—日本中北部分布	2	0.39
10-2	中国—日本—蒙古草原分布	3	0.59
11	中国东部分布	7	1.37
11-1	中国东部—西部分布	1	0.20
12	东北—华北分布	9	1.57
12-1	东北—华北—蒙古草原分布	4	0.78
14	东北分布	5	0.98
14-1	东北—俄罗斯远东区分布	2	0.39
14-2	东北—达乌里分布	17	3.33
14-3	东北—大兴安岭分布	2	0.39
14-4	东北—蒙古草原分布	1	0.20
15	华北分布	5	0.98
15-2	华北—蒙古草原分布	2	0.39
16	大兴安岭分布	2	0.39
16-1	大兴安岭—俄罗斯远东区分布	2	0.39
18	阿尔泰—蒙古—达乌里分布	2	0.39
19	达乌里—蒙古分布	32	6.26
19-1	达乌里—蒙古—俄罗斯远东区分布	2	0.39

区系代码	种地理成分	种数/种	比例/%
20	蒙古草原分布	6	1.17
22	北温带—热带分布	3	0.59
22-1	旧世界温带—热带分布	2	0.39
22-3	亚洲温带—热带分布	8	1.57
共计		527	—

（一）世界分布种

内蒙古额尔古纳国家湿地公园种子植物组成中属于世界分布种的有 16 种，占本区种子植物总种数的 3.04%，主要有长刺酸模（*Rumex maritimus*）、藜（*Chenopodium album*）、轮叶狐尾藻（*Myriophyllum verticillatum*）、益母草（*Leonurus japonicus*）、狼把草（*Bidens tripartita*）、苣荬菜（*Sonchus arvensis*）、达香蒲（*Typha davidiana*）、穿叶眼子菜（*Potamogeton perfoliatus*）、稗（*Echinochloa crusgalli*）、狗尾草（*Setaria viridis*）、紫穗狗尾草（*Setaria viridis* var. *purpurascens*）、芦苇（*Phragmites australis*）、菵草（*Beckmannia syzigachne*）、马齿苋（*Portulaca oleraca*）、狭香蒲（*Typha angustata*）、穗状狐尾藻（*Myriophyllum spicatum*），以水生植物和一年生草本为主。

（二）亚寒带—寒带性质分布种

内蒙古额尔古纳国家湿地公园种子植物组成中属于亚寒带—寒带性质分布种的有 44 种，占本区种子植物总种数的 8.35%（不含世界分布种，下同）。主要包括北温带—北极分布种 19 种，如簇茎石竹（*Dianthus repens*）、种阜草（*Moehringia lateriflora*）、松叶毛茛（*Ranunculus reptans*）、互叶金腰（*Chrysosplenium alternifolium*）、梅花草（*Parnassia palustris*）、石生悬钩子（*Rubus saxatilis*）、沼委陵菜（*Comarum palustre*）、广布野豌豆（*Vicia cracca*）、杉叶藻（*Hippuris vulgaris*）、七瓣莲（*Trientalis europaea*）、野芝麻（*Lamium barbatum*）、北方拉拉藤（*Galium boreale*）、长茎飞蓬（*Erigeron elongatus*）、大叶章（*Calamagrostis langsdorffii*）、沿沟草（*Catabrosa aquatica*）等；旧世界温带—北极分布种 12 种，为柳叶绣线菊（*Spiraea salicifolia*）、山岩黄芪（*Hedysarum alpinum*）、野火球（*Trifolium lupinaster*）、草原老鹳草（*Geranium pratense*）、

毒芹（*Cicuta virosa*）、轮叶马先蒿（*Pedicularis verticillata*）、狗舌草（*Tephroseris kirilowii*）、湿生千里光（*Senecio arctious*）、林荫千里光（*Senecio nemorensis*）、额河千里光（*Senecio argunensis*）、草地早熟禾（*Poa pratensis*）、山林苔草（*Carex yamatscudana*）；亚洲—北美—北极分布种有 2 种，为山黧豆（*Lathyrus quinquenervius*）、毛山黧豆（*Lathyrus palustris* subsp. *pilosus*）；亚洲温带—北极分布种 11 种，如甜杨（*Populus suaveolens*）、钻天柳（*Chosenia arbutifolia*）、毛脉酸模（*Rumex gmelinii*）、毛梗蚤缀（*Arenaria capillaris*）、庭荠（*Alyssum desertorum*）、刺虎耳草（*Saxifraga bronchialis*）、多茎野豌豆（*Vicia multicaulis*）、红花鹿蹄草（*Pyrola incarnata*）、扁蕾（*Gentiana barbata*）、山尖子（*Cacalia hastata*）、灰脉苔草（*Carex appendiculata*）。亚寒带—寒带性质分布种占有相当的比例（8.61%），说明植物区系中亚寒带—寒带性质的物种占比较多，这与该植物区系紧邻寒温带大兴安岭森林区域的地理位置有关。

（三）西伯利亚种

内蒙古额尔古纳国家湿地公园种子植物组成中属于西伯利亚性质分布种有 88 种，占本区种子植物总种数的 16.7%（不含世界分布种，下同）。主要包括西伯利亚分布种 35 种，如粉枝柳（*Salix rorida*）、水冬瓜赤杨（*Alnus sibirica*）、多叶蓼（*Polygonum foliosum*）、叉歧繁缕（*Stellaria dichotoma*）、翼果唐松草（*Thalictrum aquilegifolium* var. *sibiricum*）、二歧银莲花（*Anemone dichotoma*）、细叶白头翁（*Pulsatilla turczaninovii*）、北侧金盏花（*Adonis sibirica*）、野罂粟（*Papaver nudicaule*）、水葡萄茶藨（*Ribes procumbens*）、珍珠梅（*Sorbaria sorbifolia*）、灰白委陵菜（*Potentilla strigosa*）、匍枝委陵菜（*Potentilla flagellaris*）、地蔷薇（*Chamaerhodos erecta*）、湿地黄芪（*Astragalus uliginosus*）、裂叶堇菜（*Viola dissecta*）、大叶龙胆（*Gentiana macrophylla*）、湿地勿忘草（*Myosotis caespitosa*）、多裂叶荆芥（*Schizonepeta multifida*）、并头黄芩（*Scutellaria scordifolia*）、返顾马先蒿（*Pedicularis resupinata*）、细叶黄鹌菜（*Youngia tenuifolia*）、散穗早熟禾（*Poa subfastigiata*）、水甜茅（*Glyoeria triflora*）、寸草薹（*Carex duriuscula*）、野韭（*Allium sacculiferum*）、小玉竹（*Polygonatum humile*）、小黄花菜（*Hemerocallis minor*）等；东部西伯利亚分布种 53 种，如兴安落叶松（*Larix gmelinii*）、卷边柳（*Salix siuzevii*）、柴桦（*Betula fruticosa*）、狭叶荨

麻（*Urtica angustifola*）、垂梗繁缕（*Stellaria radians*）、北乌头（*Aconitum kusnezoffii*）、兴安乌头（*Aconitum ambiguum*）、光叶山楂（*Crataegus dahurica*）、山刺玫（*Rosa davurica*）、蚊子草（*Filipendula palmata*）、东方草莓（*Fragaria orientalis*）、红茎委陵菜（*Potentilla nudicaulis*）、达乌里黄芪（*Astragalus dahuricus*）、灰背老鹳草（*Geranium wlassowianum*）、兴安老鹳草（*Geranium maximowiczii*）、小叶鼠李（*Rhamnus parvifolia*）、库页堇菜（*Viola sacchalinensis*）、迷果芹（*Sphallerocarpus gracilis*）、蛇床（*Cnidium monnieri*）、兴安白芷（*Angelica dahurica*）、花荵（*Polemonium caeruleum*）、光萼青兰（*Dracocephalum argunense*）、毛水苏（*Stachys baicalensis*）、兴安薄荷（*Mentha dahurica*）、达乌里芯芭（*Cymbaria dahurica*）、细叶婆婆纳（*Veronica linariifolia*）、岩败酱（*Patrinia rupestris*）、缬草（*Valeriana officinalis*）、柳叶风毛菊（*Saussurea salicifolia*）、龙江风毛菊（*Saussurea amurensis*）、红轮狗舌草（*Tephroseris flammea*）、团球火绒草（*Leontopodium conglobatum*）、猫儿菊（*Achyrophorus ciliatus*）、麻叶千里光（*Senecio cannabifolius*）、丝叶蓍（*Achillea setacea*）、贝加尔针茅（*Stipa baicalensis*）、大臭草（*Melica turczaninowiana*）、黄囊薹草（*Carex korshinskyi*）、膨囊薹草（*Carex schmidtii*）、狭囊薹草（*Carex cruenta*）、细叶百合（*Lilium tenuifolium*）、毛百合（*Lilium dauricum*）、粗根鸢尾（*Iris tigridia*）等。西伯利亚性质种在本区植物区系中占有相当大的比例（16.7%），进一步说明该植物区系具有寒温带特征。

（四）温带分布种

内蒙古额尔古纳国家湿地公园种子植物组成中属于温带性质分布种的有 306 种，占本区种子植物总种数的 58.07%（不含世界分布种，下同）。

1．温带性质分布种

本区北温带分布种 51 种，如酸模（*Rumex acetosa*）、两栖蓼（*Polygonum amphibium*）、紫八宝（*Hylotelephium purpureum*）、水杨梅（*Geum aleppicum*）、白花委陵菜（*Potentilla rupestris*）、鼠掌老鹳草（*Geranium sibiricum*）、柳兰（*Epilobium angustifolium*）、沼生柳叶菜（*Epilobium palustre*）、海乳草（*Glaux maritima*）、荇菜（*Nymphoides peltata*）、狸藻（*Utricularia vulgaris*）、沼生拉拉藤（*Galium palustre*）、裂叶蒿（*Artemisia tanacetifolia*）、狭叶青蒿（*Artemisia dacunculus*）、伞花山柳菊

（*Hieracium umbellatum*）、小黑三棱（*Soarganium simplex*）、鹤甫碱茅（*Puccinellia hauptiana*）、巨序剪股颖（*Agrostis gigantea*）、老芒麦（*Elymus sibiricus*）、垂穗披碱草（*Elymus nutans*）、水麦冬（*Triglochin pulustre*）、斑花杓兰（*Cypripedium guttatum*）等；北温带—南温带分布种 1 种，为鹅绒委陵菜（*Potentilla anserina*）；旧世界温带分布种 68 种，如蒿柳（*Salix viminalis*）、五蕊柳（*Salix pentandra*）、麻叶荨麻（*Urtica cannabina*）、狗筋麦瓶草（*Silene venosa*）、毛萼麦瓶草（*Silene repens*）、箭头唐松草（*Thalictrum simplex*）、大花银莲花（*Anemone silvestris*）、水毛茛（*Batrachium bungei*）、匍枝毛茛（*Ranunculus repens*）、白屈菜（*Chelidonium majus*）、山遏蓝菜（*Thlaspi thlaspidioides*）、红景天（*Rhodiola rosea*）、全缘栒子（*Cotoneaster integerrimus*）、龙芽草（*Agrimonia pilosa*）、稠李（*Prunus padus*）、披针叶黄华（*Thermopsis lanceolata*）、紫花苜蓿（*Medicago sativa*）、宿根亚麻（*Linum perenne*）、奇异堇菜（*Viola mirabilis*）、红瑞木（*Swida alba*）、块根糙苏（*Phlomis tuberosa*）、长尾婆婆纳（*Veronica longirolia*）、列当（*Orobanche coerulescens*）、蓬子菜（*Galium verum*）、聚花风铃草（*Campanula glomerata* subsp.*cephalotes*）、草地风毛菊（*Saussurea amara*）、莲座蓟（*Cirsium esculentum*）、伪泥胡菜（*Serratula coronata*）、乳苣（*Mulgedium tataricum*）、粗毛山柳菊（*Hieracium virosum*）、鸦葱（*Scorzonera austriaca*）、高山紫菀（*Aster alpinus*）、紫花野菊（*Dendranthema zawadskii*）、冰草（*Agropyron cristatum*）、糙隐子草（*Cleistogenes squarrosa*）、拂子茅（*Calamagrostis epigejos*）、假苇拂子茅（*Calamagrostis pseudophragmites*）、细叶早熟禾（*Poa angustifolia*）、无芒雀麦（*Bromus inermis*）、异燕麦（*Helictotrichon schellianum*）、大穗薹草（*Carex rhynchophysa*）、辉韭（*Allium strictum*）、山葱（*Allium senescens*）、玉竹（*Polygonatum odoratum*）、藜芦（*Veratrum nigrum*）、手掌参（*Gymnadenia conopsea*）、大花杓兰（*Cypripedium macranthus*）等；亚洲—北美分布种 5 种，山杨（*Populus davidiana*）、圆叶碱毛茛（*Halerpestes sarmentosa*）、长柱金丝桃（*Hypericum ascyron*）、泽芹（*Sium suave*）、花锚（*Halenia corniculata*）。东亚—北美分布种 3 种，如舞鹤草（*Maianthemum bifolium*）等；温带亚洲分布种 67 种，如白桦（*Betula platyphylla*）、绢毛绣线菊（*Spiraea sericea*）、叶下珠（*Phyllanthus urinaria*）、蝙蝠葛（*Menispermum dahuricum*）、耧斗菜（*Aquilegia viridiflora*）、长叶碱毛茛（*Halerpestes ruthenica*）、茴茴蒜（*Ranunculus chinensis*）、棉团铁线莲（*Clematis hexapetala*）、蒙古糖芥（*Erysimum flavum*）、费菜（*Sedum *aizoon*）、白八宝（*Hylotelephium pallescens*）、大萼委陵菜（*Potentilla conferta*）、莓叶委陵菜（*Potentilla fragarioides*）、砂地委陵菜（*Potentilla tanacetifolia*）、腺毛委陵菜（*Potentilla longifolia*）、星毛委陵菜（*Potentilla acaulis*）、斜茎黄芪（*Astragalus adsuigens*）、扁蓿豆（*Melilotoides ruthenica*）、山野豌豆（*Vicia amoena*）、歪头菜（*Vicia unijuga*）、粗根老鹳草（*Geranium dahuricum*）、远志（*Polygala tenuifolia*）、乌腺金丝桃（*Hypericum attenuatum*）、狼毒（*Stellera chamaejasme*）、黄连花（*Lysimachia davurica*）、中国旋花（*Convolvulus chinensis*）、泡囊草（*Physochlaina physaloides*）、大婆婆纳（*Veronica dahurica*）、平车前（*Plantago depressa*）、阿尔泰狗娃花（*Heteropappus altaicus*）、苍耳（*Xanthium sibiricum*）、蒙古蒿（*Artemisia mongolica*）、铁杆蒿（*Artemisia sacrorum*）、火绒草（*Leontopodium leontopodioides*）、祁州漏芦（*Rhaponticum uniflorum*）、蒲公英（*Taraxacum mongolicum*）、线叶菊（*Filifolium sibiricum*）、华北鸦葱（*Scorzonera albicaulis*）、泽泻（*Alisma orientale*）、披碱草（*Elymus dahuricus*）、西伯利亚羽茅（*Achnatherum sibiricum*）、槽杆荸荠（*Eleocharis equiaetiformis*）、少花顶冰花（*Gagea pauciflora*）、细叶韭（*Allium tenuissimum*）、铃兰（*Convallaria majalis*）、黄精（*Polygonatum sibiricum*）、蜻蜓兰（*Tulotis fuscescen*）等。

2．东亚性质分布种

本区东亚分布种21种，如接骨木（*Sambucus williamsii*）、达乌里胡枝子（*Lespedeza davurica*）、大叶野豌豆（*Vicia pseudorobus*）、紫花地丁（*Viola yedoensis*）、徐长卿（*Cynanchum paniculatum*）、纤弱黄芩（*Scutellaria dependens*）、地笋（*Lycopus lucidus*）、黄花败酱（*Patrinia scabiosaefolia*）、轮叶沙参（*Adenophora tetraphylla*）、桔梗（*Platycodon grandiflorum*）、野艾蒿（*Artemisia lavandulaefolia*）、蹄叶橐吾（*Ligularia fischeri*）、脚薹草（*Carex physodes*）等；中国—日本分布种45种，如春榆（*Ulmus davidiana* var. *japonica*）、栓枝春榆（*Ulmus davidiana* f. *suberosa*）、绒毛胡枝子（*Lespedeza tomentosa*）、白杜卫矛（*Euonymus bungeanus*）、库页悬钩子（*Rubus sachalinensis*）、鸡树条荚蒾（*Viburnum sargentii*）、毛轴蚤缀（*Arenaria juncea*）、毛茛（*Ranunculus japonicus*）、粉花地榆（*Sanguisorba officinalis* var. *carnea*）、小白花地榆（*Sanguisorba tenuifolia* var. *alba*）、光叶蚊子草（*Filipendula nuda*）、翻白委陵

菜（*Potentilla discolor*）、红柴胡（*Bupleurum scorzonerifolium*）、狼尾花（*Lysimachia barystachys*）、轮叶婆婆纳（*Veronicastrum sibiricum*）、大砧草（*Rubia chinensis*）、展枝沙参（*Adenophora divaricata*）、紫斑风铃草（*Campanula puntata*）、宽叶山蒿（*Artemisia stolonifera*）、羽叶风毛菊（*Saussurea maximowiczii*）、小刺儿菜（*Cirsium setosum*）、烟管蓟（*Cirsium pendulum*）、裂叶马兰（*Kalimeris incisa*）、全叶马兰（*Kalimeris integrifolia*）、紫菀（*Aster tataricus*）、东风菜（*Doellingeria scaber*）、大丁草（*Leibnitzia anandria*）、山牛蒡（*Synurus deltoides*）、肥披碱草（*Elymus excelsus.*）、东方藨草（*Scirpus orientalis*）、细灯心草（*Juncus gracillimus*）、溪荪（*Iris sanguinea*）等；东北—日本中北部分布种有 2 种，香杨（*Populus koreana*）、细叶繁缕（*Sfellaria filicaulis*）；中国—日本—蒙古草原分布种有 3 种，为芍药（*Paeonia lactiflora*）、硬质早熟禾（*Poa sphondylodes*）和大油芒（*Spodiopogon sibiricus*）。

3．东北—大兴安岭性质分布种

内蒙古额尔古纳国家湿地公园种子植物组成中属于东北—大兴安岭性质分布种的有 44 种，占本区种子植物总种数的 8.35%（不含世界分布种，下同）。主要有东北分布种 5 种，如耳叶蓼（*Polygonum manshuriense*）、草木樨状黄芪（*Astragalus melilotoides*）、黑水当归（*Angelica amurensis*）、异苞蒲公英（*Taraxacum heterolepis*）等；东北—达乌里分布种 17 种，如短瓣金莲花（*Trollius ledebouri*）、兴安升麻（*Cimicifuga dahurica*）、沼地毛茛（*Ranunculus radicans*）、齿瓣延胡索（*Corydalis turtschaninovii*）、楔叶茶藨（*Ribes diacantha*）、山荆子（*Malus baccata*）、翻白蚊子草（*Filipendula intermedia*）、二裂委陵菜（*Potentilla bifurca*）、斑叶堇菜（*Viola variegata*）、美花风毛菊（*Saussurea pulchella*）、绒背蓟（*Cirsium vlassovianum*）、短瓣蓍（*Achillea ptarmicoides*）、单花鸢尾（*Iris uniflora*）等；东北—华北分布种 9 种，如乌苏里鼠李（*Rhamnus ussuriensis*）、荠苨（*Adenophora trachelioides*）、中井鹅观草（*Roegneria nakaii*）、尖嘴薹草（*Carex leiorhyncha*）、有斑百合（*Lilium concolor* var. *pulchellum*）等；东北—华北—蒙古草原分布种 4 种，大果榆（*Ulmus macrocarpa*）、西伯利亚杏（*Prunus sibirica*）、华北蓝盆花（*Scabiosa tschiliensis*）和红梗蒲公英（*Taraxacum erythropodium*）；东北—蒙古草原分布种 1 种，东北蒲公英（*Taraxacum ohwianum*）；东北—日本中北部分布种 2 种，香杨（*Populus koreana*）、细叶繁缕

（*Sfellaria filicaulis*）；东北—大兴安岭分布种 2 种，腺地榆（*Sanguisorba officinalis* var. *glandulosa*）和东北大戟（*Euphorbia mandshurica*）；东北—俄罗斯远东区分布种 2 种，驴蹄草（*Caltha palustris*）和小叶章（*Calamagrostis angustifolia*）；大兴安岭分布种 2 种，樟子松（*Pinus sylwistris* var. *mongolica*）和兴安柳（*Salix hsinganica*）；大兴安岭—俄罗斯远东区分布种 2 种，东北高翠雀（*Delphinium korshinskyanum*）和薄叶乌头（*Aconitum fischeri*）。虽然东北性质分布种类型分散，但总种数占本区种子植物总种数的比例（8.35%）较大，说明本区植物区系与东北—大兴安岭植物区系的联系密切，这与本区植物区系位于大兴安岭向蒙古草原过渡的地理位置有关。

4．达乌里—蒙古草原性质分布种

内蒙古额尔古纳国家湿地公园种子植物组成中属于达乌里—蒙古草原性质分布种的有 45 种，占本区种子植物总种数的 8.54%（不含世界分布种，下同）。其中达乌里—蒙古分布种 32 种，如长叶百蕊草（*Thesium longifolium*）、波叶大黄（*Rheum undulatum*）、叉分蓼（*Polygonum divaricatum*）、细叶蓼（*Polygonum angusstifolium*）、展枝唐松草（*Thalictrum squarrosum*）、轮叶委陵菜（*Potentilla verticillaris*）、铺地委陵菜（*Potentilla supina*）、多叶棘豆（*Oxytropis myriophylla*）、乳白花黄芪（*Astragalus galactites*）、狼毒大戟（*Euphorbia fischeriana*）、防风（*Saposhnikovia divaricata*）、黄芩（*Scutellaria baicalensis*）、柳穿鱼（*Linaria vulgaris*）、多枝柳穿鱼（*Linaria buriatica*）、红纹马先蒿（*Pedicularis striata*）、狭叶沙参（*Adenophora gmelinii*）、厚叶沙参（*Adenophora gmelinii* var. *pechyphylla*）、柳叶沙参（*Adenophora gmelinii* var. *coronopifolia*）、密花风毛菊（*Saussurea acuminata*）、麻花头（*Serratula centauroides*）、丝叶鸦葱（*Scorzonera curvata*）、额尔古纳早熟禾（*Poa argunensis*）、羊草（*Leymus chinensis*）、双齿葱（*Allium bidentatum*）、硬皮葱（*Allium ledebourianum*）、囊花鸢尾（*Iris ventricosa*）、射干鸢尾（*Iris dichotoma*）等；达乌里—蒙古草原—俄罗斯远东区分布种 1 种 1 变种，东北茴芹（*Pimpinella thellumgiana*）和细裂东北茴芹（*Pimpinella thellungiana* var. *tenuisecta*）；蒙古草原分布种 6 种，如光沙蒿（*Artemisia oxycephala*）、草地麻花头（*Serratula komarovii*）、矮韭（*Allium anisopodium*）、断穗狗尾草（*Setaria arenaria*）、东北酸模（*Rumex thyrsiflorus* var. *mandshuricus*）等；阿尔泰—蒙古—达乌里分布种 2 种，掌叶白头翁（*Pulsatilla patens* var. *multifida*）、大果琉璃草

（*Cynoglossum divaricatum*）；东北—蒙古草原分布种 1 种，东北蒲公英（*Taraxacum ohwianum*）；华北—蒙古草原分布种 2 种，东北鸦葱（*Scorzonera manshurica*）和二色补血草（*Limonium bicolor*）。由此可以看出，达乌里—蒙古草原性质的草原植被植物种，在本区植物区系中占有一定的比例，说明该植物区系与达乌里植物区系和蒙古草原植物区系有相当大的联系，这与本区植物区系位于蒙古草原到大兴安岭过渡地带有关。

（五）热带性质分布种

额尔古纳国家湿地公园种子植物组成中属于热带性质分布种的有 13 种，占本区种子植物总种数的 2.54%（不含世界分布种，下同）。主要包括北温带—热带分布种 3 种，香薷（*Elsholtzia ciliata*）、水蓼（*Polygonum hydropiper*）和菖蒲（*Acorus calamus*）；旧世界温带—热带分布种 2 种，酸模叶蓼（*Polygonum lapathifolium*）和金色狗尾草（*Setaria glauca*）；亚洲温带—热带分布种 8 种，如点地梅（*Androsace umbellata*）、菟丝子（*Cuscuta chinensis*）、薄荷（*Mentha haplocalyx*）、车前（*Plantago asiatica*）、茜草（*Rubia cordifolia*）、山苦荬（*Ixeris chinensis*）、野慈姑（*Sagittaria trifolia*）等。说明本区植物区系与热带植物区系虽有联系，但联系不大。

（六）中国特有分布种

内蒙古额尔古纳国家湿地公园种子植物组成中中国特有种有 30 种，占本区种子植物总种数的 5.87%。其中，中国东部分布种 7 种，如白鲜（*Dictamnus albus* subsp. *dasycarpus*）、旋覆花（*Inula britanica* var. *japonica*）、东北龙胆（*Gentiana manshurica*）、水蒿（*Artemisia selengensis*）、绵毛旋覆花（*Inula britanica* var. *sublanata*）等；中国东部—西部分布种 1 种，多裂委陵菜（*Potentilla multifida*）；东北—华北分布种 8 种（前述）；东北分布种 5 种（前述）；华北分布种 5 种，如百里香（*Thymus serpyllum*）、紫沙参（*Adenophora paniculata*）、羽苞风毛菊（*Saussurea pectinata*）、桃叶鸦葱（*Scorzonera sinensis*）等；东北—大兴安岭分布种 2 种（前述）；大兴安岭分布种 2 种（前述）。

综上所述，在内蒙古额尔古纳国家湿地公园种子植物种的地理成分中，温带性质分布种有 306 种，占本区种子植物总种数的 59.88%，温带性质分布种是本区植物区系的主体，体现了内蒙古额尔古纳国家湿地公园植物区系具有明显的温带性质和特征。

四、种子植物区系特征

（一）植物种类相对丰富

本区共有种子植物 84 科 271 属 527 种，科、属、种的数量分别占内蒙古种子植物科、属、种数量的 66.14%、39.33%、21.6%。植物种类比较丰富，以被子植物为主，裸子植物种类少，只有 1 科 2 属 2 种。属、种的多样性在呼伦贝尔地区，尤其在大兴安岭以西的地区是较为丰富的。但科内属、种的分布极不平衡；科内属、种数量的多少不仅反映了它们在区系组成上的重要性，而且也体现了它们对自然环境的适应性[8]。

（二）科和属的优势现象显著，寡种性强

从本区植物组成上看，在科的水平上，菊科（36 属 85 种）和禾本科（26 属 44 种）为 2 个大科，属数和种数分别占本区全部属数和种数的 22.87%和 24.48%，反映出这两科植物在本区植物组成中占据主导地位。在种地理成分中，各组植物种主要集中于大科、较大科和中等科。各亚型中大科和较大科 5 科 254 种，种数占总种数的 48.2%；中等科 7 科 112 种，种数占总种数的 21.25%；说明大中型科的种占有植物区系的重要地位，是当地自然条件下的适应类群[8]。

总的来看，本区内区域性单种科或寡种科和单种属或寡种属占的比例高，分别为 77.38%和 95.19%，所以总体上呈现出少数科属多样性突出，但整体寡种性强的特点。

（三）地理成分比较复杂，温带区系性质明显

本区种子植物属的区系成分包括了中国种子植物分布区 15 个类型中的 12 个及 8 个变型，表明其地理成分比较复杂[7]。其中温带成分属数所占比例为 45.19%，接近本区全部属数的半数，在本区中占绝对优势。而且本区优势科和属也多属于各种温带分布类型，充分反映出该植物区系具有明显的温带性质，这与本区所处的地理位置及气候带相吻合。在种地理成分上，以温带性质为主（温带性质分布种 306 种，占本区种子植物种数的 58.07%；东北—大兴安岭性质分布种有 44 种，占本区种子植物种数的 8.35%），兼具寒温带区系特点（亚寒带—寒带性质分布种有 45 种，占本区种子植物种数的 8.54%；西伯利亚性质分布种有 88 种，占本区种子植物种数的

16.7%），这与属水平的区系分析结果相近。

（四）植物组成区系与周边植物区系有密切联系

该植物区系是东北—大兴安岭植物区系和达乌里—蒙古草原植物区系物种交流的重要通道[8]。达乌里—蒙古草原性质分布种有 45 种，占本区种子植物种数的 8.54%；东北—大兴安岭性质分布种有 44 种，占本区种子植物种数的 8.35%。这与其所处的地理位置是一致的[9]。

（五）特有分布现象不明显

本区植物区系成分虽复杂多样，但是绝大部分为年轻的区系成分，中国特有种有 31 种，占本区种子植物种数的 6.01%，说明特有种分布现象不明显。在 84 个科中，单属科 50 个，占本区总科数的 59.5%；单种属 172 个，占本区总属数的 63.47%。单属科和单种属虽然不是本区植物区系的主要组成部分，但能反映出本区种子植物区系与东北及周边种子植物区系的广泛联系及其地位和作用，这是在漫长的地质历史发展过程中植物区系与自然环境相互作用、演化发展的结果[10]。

参考文献

[1] 赵一之，赵利清，曹瑞．内蒙古植物志（第三版）[M]．呼和浩特：内蒙古人民出版社，2020.
[2] 吴征镒，路安民，汤彦承，等．中国被子植物科属综论[M]．北京：科学出版社，2003.
[3] 李德铢，陈之瑞，王红，等．中国维管植物科属志[M]．北京：科学出版社，2020.
[4] 傅沛云．东北部种子植物种的分布区类型[M]．沈阳：东北大学出版社，2003.
[5] 傅沛云，曹伟，李冀云．东北部种子植物种的地理成分分析[J]．应用生态学报，1995.
[6] 吴征镒，孙航，周浙昆，等．中国种子植物区系地理[M]．北京：科学出版社，2010.
[7] 赵一之．内蒙古维管植物分类及其区系生态地理分布[J]．呼和浩特：内蒙古大学出版社，2012.
[8] 黄学文，包彬，王德利．红花尔基樟子松林国家级自然保护区种子植物区系分析（Ⅰ）：科属区系分析[J]．东北师大学报（自然科学版），2009，41（1）：95-100.
[9] 包彬，黄学文，马力强，等．潮查自然保护区维管植物区系及植被类型特征[J]．中国水土保持科学，2008，12（6）：92-97.
[10] 郭春景，倪宏伟，周志强，等．扎龙国家级自然保护区的种子植物区系研究[J]．国土与自然资源研究，1998，2：57-60.

第三章

植被与群落类型

E'ERGUNA

GUOJIA SHIDI GONGYUAN SHENGWU
DUOYANGXING DIAOCHA BAOGAO

第一节　植被概述

实地调查并参阅《内蒙古植被》分析可知，额尔古纳国家湿地公园植物在内蒙古植物区系分区中属亚欧草原植物区蒙古高原草原省大兴安岭西麓州和蒙古高原东部州，植物区系以草原成分为主体，明显地表现出草原区系和森林区系汇合分布的特征，并具达乌里—蒙古型山地森林草原区系复杂性[1]。生态类群基本上以耐寒的地面芽植物、地下芽植物和地上芽植物为主，高位芽植物只占从属地位。

内蒙古额尔古纳国家湿地公园内植被有 6 个植被类型，11 个群系[1, 4]（表 3-1）。

表 3-1　内蒙古额尔古纳国家湿地公园植被类型组成

植被型	植被亚型	群系组	群丛
森林	Ⅰ、阔叶林	一、杨柳林	1 甜杨、钻天柳林
		二、桦树林	2 白桦、山杨林
灌丛	Ⅱ、阔叶灌丛	三、柳树灌丛	3 小叶章、柳叶绣线菊、蒿柳
草原	Ⅲ、草原植被	四、贝加尔针茅草原	
		五、杂类草草原	
		六、线叶菊草原	
草甸	Ⅳ、典型草甸	七、杂类草草甸	4 地榆、裂叶蒿、日荫菅草甸
			5 鹅绒委陵菜草甸
	Ⅴ、沼泽草甸	八、拂子茅草甸	6 拂子茅、修氏薹草、小叶章草甸
沼泽	Ⅵ、森林沼泽	九、钻天柳沼泽	7 钻天柳
	Ⅶ、灌木沼泽	十、桦树沼泽	8 薹草、小叶杜鹃、柴桦沼泽
	Ⅷ、草本沼泽	十一、薹草沼泽	9 小叶章、修氏薹草沼泽
			10 修氏薹草、灰脉薹草沼泽
草塘	Ⅸ、挺水型草塘		11 线叶眼子菜、慈姑草塘
			12 小黑三棱、黑三棱草塘
	Ⅹ、浮叶型草塘		13 浮叶慈姑草塘

内蒙古额尔古纳国家湿地公园内主要植被类型有灌丛、草甸、沼泽、草原等。灌丛沿河流及其支流两岸分布，形成狭带状，生长旺盛，适生土壤为富含腐殖质的草甸土，以蒿柳（*Salix viminalis*）、柳叶绣线菊（*Spiraea salicifolia*）、小叶章（*Calamagrostis angustifolia*）为建群种，其他优势种有粉枝柳（*Salix rorida*）、蚊子草（*Filipendula palmata*）等。林缘、林间空地上，杂类草草甸最为常见，是公园分布最广泛的山地草甸类型，分布区一般地形平缓、坡度较小，主要植物有地榆（*Sanguisorba officinalis*）、蓬子菜（*Galium verum*）、日荫菅（*Carex pediformis*）、山野豌豆（*Vicia amoena*）、展枝唐松草（*Thalictrum sguarrosum*）、裂叶蒿（*Artemisia tanacetifolia*）、细叶白头翁（*Pulsatilla turczaninovii*）、芍药（*Paeonia lactiflora*）等，群落由于植被种类繁多，很难找出明显的建群种，草层高度一般在 40 cm 以上，盖度达 80%以上。一般在沼泽边缘或宽谷低洼湿地，常年季节性积水的区域有佛子茅草甸，该植被型以修氏薹草（*Carex schmidtiimeinsh*）为优势种，是草甸向沼泽过渡的类型，伴生植物有蚊子草、山黧豆（*Lathyrus palustris*）、千屈菜（*Lythrum salicaria*）等。水陆交错带和沼泽湿地均具有常年积水、水深较浅的生境特征，这些区域主要生长的植物，其种类以挺水植物和浮叶植物为主，伴生植物有沉水植物、漂浮植物和藻类，常见种类有薹草、柴桦沼泽；小叶章、修氏薹草沼泽等。

第二节　试验方法

一、样地分布

根据研究地群落类型及现状设置了 14 个样地（表 3-2）。

表 3-2　内蒙古额尔古纳国家湿地公园样地概况

样地编号	地点	群落类型	经度	纬度
01	人工湖四周	柳灌丛	120°20′51.25″E	50°21′6.45″N
02	人工湖四周东侧	柳灌丛北岸	120°26′20.98″E	50°21′23.26″N

样地编号	地点	群落类型	经度	纬度
03	育良	钻天柳沼泽	120°38′29.8″E	50°21′5.74″N
04	小乌尔根	杂类草草甸	120°32′4.78″E	50°22′52.12″N
06	南岸入口	杂类草草原	120°16′1.20″E	50°19′72.4″N
07	上库力七队（西）	柳灌丛南岸	120°16′11.8″E	50°20′3.92″N
08	上库力七队	线叶菊草原	120°20′3.60″E	50°20′11.3″N
09	观景台	贝加尔针茅草原	120°26′50.6″E	50°20′6.90″N
10	观景台	桦树林	120°26′54.5″E	50°20′7.91″N
11	观景台东侧	柳叶绣线菊＋薹草	120°27′2.72″E	50°20′8.34″N
12	公园东端，桥西	甜杨＋钻天柳	120°47′7.79″E	50°25′7.23″N
13	1 号岛	钻天柳沼泽	120°26′22″E	50°21′19″N
14	2 号岛	钻天柳沼泽	120°25′48″E	50°23′10″N

二、研究方法

1．试验设计

草本植物群落采用样方法进行野外调查，乔木、灌木植物群落采用样线法。

样方法：在每个样地内设置 3 条样带，样带相隔 100 m，在每条样带上设置 3～5 个样方，样方间隔为 25 m，样方面积 1 m × 1 m。记录物种，采用计数法测定植物多度，采用目测法测定植被盖度，用直尺测量每个物种的自然高度。地上生物量的测定是齐地面剪取茎叶，装入纸袋中带回实验室，在恒温（105℃）下用恒温箱烘干 12 h 后，称其干重[2]。

样线法：每个乔木、灌木样地设置 3 条样线，每条样线总长度为 100 m，在样线上每隔 2 m 记录压线的乔木、灌木、草本等植物。

钻天柳种群调查分别选择在 1 号岛和 2 号岛两个样地设置 3 个 10 m×10 m 的样方。样方内用油漆按顺序编号，每木检尺，用卷尺测样方内的钻天柳高 1.3 m 处胸径。根据刘海燕、杨乃坤等对种群结构特征的研究[2]，结合钻天柳生长实际，将钻天柳种群按胸径每相差 5 cm 为 1 个径级，即 0～5 cm（包括 5 cm）的幼苗记为第 1 径级，5～10 cm（包括 10 cm）为第 2 径级，以此类推，逐级增加到 50～55 cm（包括 55 cm）为第 11 径级，共划分为 11 个径级。

2. 数据计算分析

植物群落物种重要值计算公式[3]：

$$重要值=（相对高度+相对密度+相对盖度）/3 \tag{3-1}$$

式中，相对高度=某一植物种的高度/各植物种高度之和 × 100；

相对密度=某一植物种的个体数/全部植物种的个体数 × 100；

相对盖度=某一植物种的盖度/各植物种的分盖度之和 × 100。

根据物种数目、所有植物种的个体数和重要值，利用以下公式计算群落 α-多样性①。

Margarlef 丰富度指数（*Ma*）

$$Ma = (S-1)/\ln N \tag{3-2}$$

Shannon-Wiener 多样性指数（*H′*）

$$H' = -\sum P_i \ln(P_i) \tag{3-3}$$

Simpson 多样性指数（*D*）

$$D = 1 - \sum (P_i)^2 \tag{3-4}$$

Pielou 均匀度指数（*Jp*）

$$Jp = -\sum P_i \ln(P_i)/\ln S \tag{3-5}$$

式中，S 为物种数目；N 为所有物种个体数目；P_i 为 $IV/\Sigma IV$（IV 为重要值）。

乔木灌木群落物种频度计算公式：

$$频度 = 某物种出现的样方数/样方总数 \times 100\% \tag{3-6}$$

① Margarlef 丰富度指数为玛格列夫丰富度指数；Shannon-Wiener 多样性指数为香农-维纳多样性指数；Simpson 多样性指数为辛普森多样性指数；Pielou 均匀度指数（Pielou’ sevenness index）。

采用 Excel 2010 软件对样地内所调查的数据进行初步数据整理计算。

利用 SAS 软件对各草本植物群落 2016 年、2017 年、2018 年 3 年的群落数量特征、地上生物量、群落 α-多样性指数分别进行方差分析和多重比较（Duncan 法）。

绘图采用 Excel 2010 软件。

第三节　植物群落组成及数量特征分析

一、森林植被[4]

（一）甜杨 + 钻天柳群落

1．植物群落基本信息

该群落位于内蒙古额尔古纳国家湿地公园东端，加拉嘎大桥西侧，样地编号 12，地理位置为 120°47′7.79″E、50°25′7.23″N，土壤类型为灰色森林土。

2．植物群落物种组成

对内蒙古额尔古纳国家湿地公园甜杨 + 钻天柳植物群落进行野外调查，发现该群落物种数合计为 58 种，建群种为甜杨和钻天柳，伴生种和常见种有蒿柳、粉枝柳、家榆、稠李、红瑞木、五蕊柳、黄柳、山楂、山刺玫、水杨梅、绢毛绣线菊等，草本伴生种有库页悬钩子、库页堇菜、灰脉薹草、山野豌豆、蚊子草等（表 3-3）。

表 3-3　甜杨 + 钻天柳群落物种组成及频率

物种名	拉丁文	频率/%
甜杨	*Populus suaveolens*	10.00
钻天柳	*Chosenia arbutifolia*	8.00
蒿柳	*Salix viminalis*	34.00

物种名	拉丁文	频率/%
粉枝柳	*Salix rorida*	20.00
家榆	*Ulmus pumila*	28.00
山杨	*Populus davidiana*	4.00
五蕊柳	*Salix pentandra*	4.00
稠李	*Prunus padus*	24.00
红瑞木	*Swida alba*	28.00
黄柳	*Salix gordejevii*	4.00
卷边柳	*Salix siuzevii*	4.00
山楂	*Crataegus pinnatifida*	16.00
山刺玫	*Rosa davurica*	16.00
绢毛绣线菊	*Spiraea sericea*	10.00
柳叶绣线菊	*Spiraea salicifolia*	4.00
水杨梅	*Adina rubella*	16.00
库页悬钩子	*Rubus sachalinensis*	40.00
库页堇菜	*Viola sacchalinensis*	24.00
灰脉薹草	*Carex appendiculata*	32.00
种阜草	*Moehringia lateriflora*	24.00
石竹	*Dianthus chinensis*	4.00
蒲公英	*Taraxacum mongolicum*	4.00
林问荆	*Eguisetum sylvalicum*	4.00
画眉草	*Eragrostis pilosa*	4.00
风毛菊	*Saussurea japonica*	4.00
匍枝毛茛	*Ranunculus repens*	4.00
拉拉藤	*Galium aparine*	4.00
鼬瓣花	*Galeopsis bifida*	4.00
毛水苏	*Stachys baicalensis*	4.00
日荫菅	*Carex pediformis*	4.00
龙芽草	*Agrimonia pilosa*	4.00

物种名	拉丁文	频率/%
毛萼麦瓶草	*Silene repens*	4.00
野艾蒿	*Artemisia lavandulaefolia*	4.00
山野豌豆	*Vicia amoena*	20.00
白屈菜	*Chelidonium majus*	8.00
大砧草	*Rubia chinensis*	8.00
东方草莓	*Fragaria orientalis*	8.00
垂穗披碱草	*Elymus nutans*	8.00
小叶章	*Calamagrostis angustifolia*	8.00
野芝麻	*Lamium album*	8.00
林地早熟禾	*Poa nemoralis*	12.00
蚊子草	*Filipendula palmata*	16.00
塔头薹草	*Carex taro*	4.00
垂果南芥	*Arabis pendula*	2.00
楔叶茶藨	*Ribes diacanthum*	2.00
垂梗繁缕	*Stellaria radians*	6.00
大叶蔷薇	*Rosa macrophylla*	8.00
槽杆荸荠	*Eleocharis mitracarpa*	8.00
看麦娘	*Alopecurus aequalis*	4.00
湿地勿忘我	*Myosotis caespitosa*	8.00
多叶蓼	*Polygonum foliosum*	8.00
沼生柳叶菜	*Epilobium palustre*	2.00
泽芹	*Sium suave*	2.00
铺地委陵菜	*Potentilla supina*	2.00
大花剪秋萝	*Lychnis fulgens*	2.00
藜	*Chenopodium album*	2.00
狭叶荨麻	*Urtica angustifolia*	2.00
野火球	*Trifolium lupinaster*	2.00
物种数合计	58 种	

（二）白桦林群落[4]

1．植物群落基本信息

该群落位于内蒙古额尔古纳国家湿地公园观景台东侧，样地编号 10，地理位置为 120°26′54.5″E、50°20′7.91″N，土壤类型为灰色森林土。

2．植物群落物种组成及重要值分析

对内蒙古额尔古纳国家湿地公园白桦林群落进行野外调查，发现该群落物种数合计为 92 种。其中，通过样线法调查乔灌层植物群落，其物种数为 11 种；通过样方法调查草本层植物群落，其物种数为 81 种。群落建群种为白桦，主要伴生种和常见种有绢毛绣线菊、红瑞木、稠李、山刺玫、山荆子、全缘栒子、光叶山楂。草本层主要物种有地榆、裂叶蒿、贝加尔针茅、日荫菅、蓬子菜、箭头唐松草、铁杆蒿等，一二年生植物稀少，有东北点地梅、细叶蓼等[5]（表 3-4 和表 3-5）。

表 3-4　白桦林群落乔灌层物种组成及频率

物种名	拉丁文	频率/%
白桦	*Betula platyphylla*	16.00
绢毛绣线菊	*Spiraea sericea*	80.00
兴安柳	*Salix hsinganica*	4.00
红瑞木	*Swida alba*	4.00
稠李	*Prunus padus*	4.00
山荆子	*Malus baccata*	4.00
大叶蔷薇	*Rosa macrophylla*	4.00
山刺玫	*Rosa davurica*	16.00
光叶山楂	*Crataegus dahurica*	8.00
山杏	*Prunus sibirica*	4.00
全缘栒子	*Cotoneaster integerrimus*	10.00
物种数合计	11 种	

表 3-5 白桦林群落草本层物种组成及重要值

物种名	拉丁文	重要值
地榆	*Sanguisorba officinalis*	6.722 7
裂叶蒿	*Artemisia tanacetifolia*	2.883 7
贝加尔针茅	*Stipa baicalensis*	8.114 6
蓬子菜	*Galium verum*	4.268 3
日荫菅	*Carex pediformis*	25.419 4
多裂叶荆芥	*Schizonepeta multifida*	1.729 9
展枝唐松草	*Thalictrum squarrosum*	4.115 1
大叶野豌豆	*Vicia pseudorobus*	3.292 7
细叶柴胡	*Bupleurum scorzonerifolium*	3.514 0
黄花菜	*Hemerocallis minor*	5.156 7
阿尔泰狗娃花	*Heteropappus altaicus*	4.441 3
腺毛委陵菜	*Potentilla longifolia*	6.665 4
麻花头	*Serratula centauroides*	3.010 4
莓叶委陵菜	*Potentilla fragarioides*	2.342 0
高山紫菀	*Aster alpinus*	2.773 4
线叶菊	*Filifolium sibiricum*	3.309 5
野火球	*Trifolium lupinaster*	3.218 1
狼毒	*Stellera chamaejasme*	2.666 6
箭头唐松草	*Thalictrum simplex*	6.146 6
水杨梅	*Adina rubella*	4.820 0
祁州漏芦	*Rhaponticum uniflorum*	4.901 2
狼毒大戟	*Euphorbia fischeriana*	3.256 4
北山莴苣	*Lactuca sibirica*	0.844 0
假苇拂子茅	*Calamagrostis pseudophragmites*	4.654 6
糙隐子草	*Cleistogenes spuarrosa*	1.758 9
狗舌草	*Senecioneae campestris*	1.253 9
羽叶风毛菊	*Saussurea maximowiczii*	13.904 3

物种名	拉丁文	重要值
细叶蓼	*Polygonum angusstifolium*	2.025 0
巨序剪股颖	*Agrostis gigantea*	6.920 9
茜草	*Rubia cordifolia*	2.117 3
大臭草	*Melica turczaninowiana*	6.195 8
风毛菊	*Saussurea japonica*	1.988 7
山野豌豆	*Vicia amoena*	5.128 2
掌裂毛茛	*Ranunculus rigescens*	1.615 4
火绒草	*Leontopodium leontopodioides*	2.480 6
兴安石竹	*Gypsophila davurica*	1.760 1
桔梗	*Platycodon grandiflorus*	3.218 7
大叶龙胆	*Gentiana macrophylla*	5.440 3
山柳菊	*Hieracium umbellatum*	5.114 3
大砧草	*Rubia chinensis*	5.861 2
小玉竹	*Polygonatum humile*	13.105 6
并头黄芩	*Scutellaria scordifolia*	2.738 6
东方草莓	*Fragaria orientalis*	2.859 6
北方老鹳草	*Geranium erianthum*	1.390 0
毛萼麦瓶草	*Silene repens*	2.485 7
广布野豌豆	*Vicia cracca*	3.050 8
费菜	*Sedum aizoon*	1.914 7
林地早熟禾	*Poa nemoralis*	6.224 4
丝叶蓍	*Achillea setacea*	3.079 4
亚洲百里香	*Thymus serpyllum*	7.413 7
岩败酱	*Patrinia rupestris*	3.556 4
瓣蕊唐松草	*Thalictrum petaloideum*	4.615 1
铃兰	*Convallaria majalis*	1.817 8
芍药	*Paeonia lactiflora*	3.248 2
羽茅	*Achnatherum sibiricum*	4.948 9

物种名	拉丁文	重要值
单花鸢尾	*Iris uniflora*	1.900 9
铁杆蒿	*Artemisia gmelinii*	6.562 5
翼果唐松草	*Thalictrum aquilegifolium*	12.269 9
肥披碱草	*Elymus excelsus*	3.284 2
兴安柴胡	*Bupleurum sibiricum*	2.431 0
紫花野菊	*Dendranthema zawadskii*	3.451 3
掌叶白头翁	*Pulsatilla patens*	4.349 2
细叶白头翁	*Pulsatilla turczaninovii*	1.811 7
轮叶委陵菜	*Potentilla verticillaris*	1.850 3
旱麦瓶草	*Silene jenisseensis*	5.595 7
细叶黄鹌菜	*Youngia tenuifolia*	2.578 9
瓦松	*Orostachys fimbriatus*	0.685 6
三出委陵菜	*Potentilla betonicaefolia*	2.038 5
大萼委陵菜	*Potentilla conferta*	13.918 3
苦荬菜	*Ixeris polycephala*	1.042 2
庭荠	*Alyssum sibiricum*	0.869 5
粗毛山柳菊	*Hieracium virosum*	2.885 5
鸦葱	*Scorzonera ruprechtiana*	2.762 9
囊花鸢尾	*Iris ventricosa*	1.956 1
玉竹	*Polygonatum odoratum*	1.167 7
东北点地梅	*Androsace filiformis*	1.509 8
黄蒿	*Artemisia scoparia*	1.607 7
野火球	*Trifolium lupinaster*	0.448 8
毛轴蚤缀	*Arenaria juncea*	0.379 6
光沙蒿	*Artemisia oxycephala*	5.517 3
碱菀	*Tripolium vulgare*	1.228 1
物种数合计	81 种	

3. 植物群落数量特征

表 3-6 为白桦林群落草本层数量特征。

表 3-6 白桦林群落草本层数量特征

样地编号	群落盖度/%	群落高度/cm	群落密度/（株或丛/m^2）
10	49.86	22.49	111.40

4. 植物群落 α-多样性指数

表 3-7 为白桦林群落草本层 α-多样性指数。

表 3-7 白桦林群落草本层 α-多样性指数

样地编号	*Ma*	*H'*	*D*	*Jp*
10	3.499 2	2.500 1	0.884 4	0.882 3

5. 植物群落地上生物量

表 3-8 为白桦林群落草本层地上生物量。

表 3-8 白桦林群落草本层地上生物量

样地编号	现存量/（g/m^2）	枯落物量/（g/m^2）
10	151.22	290.97

二、灌丛植被

（一）蒿柳+粉枝柳+塔头薹草群落[7]

1. 植物群落基本信息

该样地位于上库力七队西侧，河岸边，样地编号 07，地理位置 120°16′11.8″E、

50°20′3.92″N，土壤类型为沼泽土。

2. 植物群落物种组成及重要值分析

对内蒙古额尔古纳国家湿地公园蒿柳 + 粉枝柳 + 塔头薹草群落灌丛植被进行野外调查[4]，发现该群落物种数合计为 31 种，其中通过样线法调查乔灌层，其物种数有 10 种，通过样方法调查草本层，其物种数有 21 种。群落建群种为蒿柳、粉枝柳、塔头薹草，伴生种和常见种有柳叶绣线菊、红瑞木、光叶山楂、稠李、山荆子、野蔷薇等，草本层常见种有沼地毛茛、回回蒜毛茛，水蓼、巨序剪股颖等（表 3-9 和表 3-10）。

表 3-9　蒿柳 + 粉枝柳 + 塔头薹草群落乔灌层物种组成及频度

物种名	拉丁文	频度/%
蒿柳	*Salix viminalis*	41.33
粉枝柳	*Salix rorida*	22.67
柳叶绣线菊	*Spiraea salicifolia*	4.00
红瑞木	*Swida alba*	36.00
山荆子	*Malus baccata*	28.00
光叶山楂	*Crataegus dahurica*	13.33
钻天柳	*Chosenia arbutifolia*	8.00
野蔷薇	*Rosa multiflora*	18.00
稠李	*Prunus padus*	9.33
家榆	*Ulmus pumila*	4.00
物种数合计	10 种	

表 3-10　蒿柳 + 粉枝柳 + 塔头薹草群落草本层物种组成及重要值

物种名	拉丁文	重要值
塔头薹草	*Carex taro*	17.033 8
水蓼	*Polygonum hydropiper*	25.023 2
沼地毛茛	*Ranunculus radicans*	14.918 3

物种名	拉丁文	重要值
茴茴蒜	*Ranunculus chinensis*	10.523 6
多叶蓼	*Polygonum foliosum*	7.493 8
湿地勿忘草	*Myosotis caespitosa*	6.643 4
狼把草	*Bidens tripartita*	5.656 6
沿沟草	*Catabrosa aquatic*	8.884 5
毒芹	*Cicuta virosa*	8.014 4
泽芹	*Sium suave*	5.662 1
槽杆荸荠	*Eleocharis mitracarpa*	4.142 2
看麦娘	*Alopecurus aequalis*	4.037 0
巨序剪股颖	*Agrostis gigantea*	3.564 7
沼生蔊菜	*Rorippa islandica*	7.605 1
细叶繁缕	*Stellaria filicaulis*	2.582 1
驴蹄草	*Caltha palustris*	1.585 9
缬草	*Valeriana officinalis*	0.892 2
杉叶藻	*Hippuris vulgaris*	2.932 7
松叶毛茛	*Ranunculus reptans*	6.002 4
沼生繁缕	*Stellaria palustris*	11.951 7
灰脉薹草	*Carex appendiculata*	8.507 4
物种数合计	21 种	

3．植物群落的数量特征

蒿柳＋粉枝柳＋塔头薹草群落在群落高度、密度、盖度数量特征方面，不同年份表现不同。其中群落高度最大值出现在 2016 年，最小值出现在 2017 年，2016 年群落高度显著高于 2017 年（$P<0.05$），但与 2018 年之间无显著性差异（$P>0.05$）。群落密度变化趋势表现为 2018 年显著大于 2016 年和 2017 年（$P<0.05$），2016 年和 2017 年之间差异不显著（$P>0.05$）；而群落盖度为 2018 年显著大于 2017 年（$P<0.05$），与 2016 年之间差异不显著（$P>0.05$）。从 3 年的动态变化看，群落高度和盖度均表现出先减少后增加的趋势，而群落密度则呈逐年增加的趋势（表 3-11）。

表 3-11　蒿柳 + 粉枝柳 + 塔头薹草群落草本层数量特征

调查年份	群落高度/cm	群落密度/（株或丛/m²）	群落盖度/%
2016	25.85±10.41a	162.67±34.28b	61.63±14.00ab
2017	9.85±0.90b	276.33±77.20b	38.4±8.40b
2018	13.89±2.91ab	1074±154.77a	90.6±11.32a

注：同列不同小写字母表示差异显著性，$P<0.05$。下同。

4．植物群落 α-多样性指数

蒿柳 + 粉枝柳 + 塔头薹草群落 *Ma*、*H'*、*D*、*Jp* 的动态变化在 2016—2018 年均无显著性差异（$P>0.05$），3 年来群落 α-多样性 4 个指数的最小值都出现在 2018 年（表 3-12）。

表 3-12　蒿柳 + 粉枝柳 + 塔头薹草群落草本层 α-多样性指数

调查年份	*Ma*	*H'*	*D*	*Jp*
2016	1.94±0.57a	1.96±0.31a	0.80±0.09a	0.84±0.10a
2017	1.78±0.46a	2.02±0.25a	0.83±0.05a	0.85±0.06a
2018	1.63±0.20a	1.86±0.05a	0.73±0.05a	0.74±0.06a

5．植物群落地上生物量

2016—2018 年调查结果显示，2018 年现存量显著大于 2017 年（$P<0.05$），与 2016 年之间差异不显著（$P>0.05$），现存量最大值出现在 2018 年，为 155.3 g/m²。枯落物量 2016 年显著大于 2017 年和 2018 年（$P<0.05$），2017 年和 2018 年之间无显著性差异（$P>0.05$）。从 3 年的动态变化看，群落地上生物量表现出先减少后增加的趋势（表 3-13）。

表 3-13　蒿柳 + 粉枝柳 + 塔头薹草群落草本层地上生物量

调查年份	现存量/（g/m²）	枯落物量/（g/m²）
2016	121.77±20.31ab	62.32±10.15a
2017	70.56±10.02b	21.61±4.75b
2018	155.30±13.26a	12.58±4.60b

（二）柳叶绣线菊 + 塔头薹草 + 小叶章群落[7]

1．植物群落基本信息

该样地位于观景台东侧，样地编号 11，地理位置 120°27′2.72″E、50°20′8.34″N，土壤类型为沼泽土。

2．植物群落物种组成

对内蒙古额尔古纳国家湿地公园柳叶绣线菊 + 塔头薹草 + 小叶章群落进行野外调查，发现该群落物种数合计为 45 种，建群种为柳叶绣线菊、塔头薹草和小叶章，主要伴生种和常见种有甜杨、山荆子、灰脉薹草、蚊子草、广布野豌豆、垂梗繁缕、林地早熟禾、二裂委陵菜、问荆等，偶见种有细灯心草、槽杆荸荠、箭叶蓼、狼把草等（表 3-14）。

表 3-14　柳叶绣线菊 + 塔头薹草 + 小叶章群落物种组成及频率

物种名	拉丁文	频率/%
柳叶绣线菊	*Spiraea salicifolia*	73.33
小叶章	*Calamagrostis angustifolia*	54.67
塔头薹草	*Carex taro*	76.00
甜杨	*Populus suaveolens*	4.00
垂梗繁缕	*Stellaria radians*	53.33
细叶繁缕	*Stellaria filicaulis*	24.00
粉花地榆	*Sanguisorba officinalis*	40.00

物种名	拉丁文	频率/%
问荆	*Equisetum arvense*	28.00
广布野豌豆	*Vicia cracca*	28.00
湿地勿忘草	*Myosotis caespitosa*	5.33
大砧草	*Rubia chinensis*	8.00
灰脉薹草	*Carex appendiculata*	29.33
毛茛	*Ranunculus japonicus*	32.00
蚊子草	*Filipendula palmata*	36.00
山荆子	*Malus baccata*	4.00
北方老鹳草	*Geranium erianthum*	12.00
硬皮葱	*Allium ledebourianum*	12.00
二歧银莲花	*Anemone dichotoma*	12.00
水杨梅	*Adina rubella*	4.00
湿生千里光	*Senecio arcticus*	8.00
羽叶风毛菊	*Saussurea maximowiczii*	4.00
鹅绒委陵菜	*Potntilla anserina*	4.00
细灯心草	*Juncus gracillimus*	4.00
槽杆荸荠	*Eleocharis mitracarpa*	4.00
林地早熟禾	*Poa nemoralis*	20.00
驴蹄草	*Caltha palustris*	4.00
箭叶蓼	*Polygonum sieboldii*	4.00
掌裂毛茛	*Ranunculus rigescens*	24.00
山野豌豆	*Vicia amoena*	4.00
狼把草	*Bidens tripartita*	8.00
庭荠	*Alyssum sibiricum*	8.00
两栖蓼	*Polygonum amphibium*	4.00
柳叶风毛菊	*Saussurea epilobioides*	4.00
尖嘴薹草	*Carex leiorhyncha*	4.00
紫八宝	*Hylotelephium purpureum*	4.00

物种名	拉丁文	频率/%
轮叶婆婆纳	*Veronica spuria*	4.00
二裂委陵菜	*Potentilla bifurca*	76.00
黄金菊	*Perennial chamomile*	4.00
飞廉	*Carduus crispus*	4.00
叉繁缕	*Stellaria dichotoma*	4.00
泽芹	*Sium suave*	4.00
蒙古糖芥	*Erysimum flavum*	4.00
巨序剪股颖	*Agrostis gigantea*	8.00
沼生拉拉藤	*Galium uliginosum*	4.00
平车前	*Plantago depressa*	4.00
物种数合计	45 种	

（三）蒿柳 + 柳叶绣线菊 + 小叶章群落[7]

1．植物群落基本信息

该群落共调查了两个样地，样地编号 01，位于人工湖四周，地理位置 120°20′51.25″E，50°21′6.45″N；样地编号 02，位于人工湖东侧，地理位置 120°26′20.98″E，50°21′23.26″N，土壤类型均为沼泽土。

2．植物群落物种组成

对内蒙古额尔古纳国家湿地公园蒿柳 + 柳叶绣线菊 + 小叶章群落进行野外调查，发现该群落物种数合计为 128 种，建群种为蒿柳、柳叶绣线菊、小叶章，主要伴生种和常见种有稠李、光叶山楂、山荆子、红瑞木，常见种有山刺玫、水杨梅、种阜草、蚊子草、大叶蔷薇等，偶见种有兴安薄荷、鸡树条荚蒾、蝙蝠葛等，一二年生植物有鹤虱、东北点地梅、灰绿藜、独行菜等（表 3-15）。

表 3-15 蒿柳 + 柳叶绣线菊 + 小叶章群落物种组成及频率

物种名	拉丁文	01 号样地频率/%	02 号样地频率/%
蒿柳	*Salix viminalis*	16.00	8.00
柳叶绣线菊	*Spiraea salicifolia*	34.00	53.33
稠李	*Prunus padus*	49.33	21.33
光叶山楂	*Crataegus dahurica*	14.67	57.33
山荆子	*Malus baccata*	25.33	50.67
红瑞木	*Swida alba*	16.00	46.67
水杨梅	*Adina rubella*	30.67	17.33
黄柳	*Salix gordejevii*	14.00	—
家榆	*Ulmus pumila*	9.33	9.33
山刺玫	*Rosa davurica*	12.00	18.00
小叶章	*Calamagrostis angustifolia*	48.00	45.33
北方老鹳草	*Geranium erianthum*	6.00	4.00
地榆	*Sanguisorba officinalis*	12.00	—
蒲公英	*Taraxacum mongolicum*	26.00	—
芥叶蒲公英	*Taraxacum brassicaefolum*	—	6.00
毛茛	*Ranunculus japonicus*	26.00	20.00
展枝唐松草	*Thalictrum squarrosum*	12.00	—
蚊子草	*Filipendula palmata*	25.33	37.33
种阜草	*Moehringia lateriflora*	34.00	36.00
独行菜	*Lepidium apetalum*	12.00	14.00
扁蓄蓼	*Polygonum aviculare*	12.00	2.00
藜	*Chenopodium album*	8.00	—
平车前	*Plantago depressa*	24.00	4.00
大萼委陵菜	*Potentilla conferta*	16.00	4.00
沼生蔊菜	*Rorippa islandica*	12.00	4.00
山林薹草	*Carex yamatsutana*	26.67	40.00
铺地委陵菜	*Potentilla supina*	4.00	12.00

物种名	拉丁文	01 号样地频率/%	02 号样地频率/%
垂梗繁缕	*Stellaria radians*	12.00	16.00
野罂粟	*Papaver nudicaule*	20.00	44.00
狭叶荨麻	*Urtica angustifolia*	20.00	—
硬皮葱	*Allium ledebourianum*	4.00	36.00
林地早熟禾	*Poa nemoralis*	50.00	—
问荆	*Equisetum arvense*	18.67	8.00
大砧草	*Rubia chinensis*	8.00	8.00
玉竹	*Polygonatum odoratum*	4.00	4.00
箭头唐松草	*Thalictrum simplex*	5.33	20.00
山野豌豆	*Vicia amoena*	8.00	8.00
细叶繁缕	*Stellaria filicaulis*	32.00	4.00
垂穗披碱草	*Elymus nutans*	4.00	4.00
楔叶茶藨	*Ribes diacanthum*	4.00	8.00
库页堇菜	*Viola sacchalinensis*	8.00	8.00
碱茅	*Puccinellia distans*	8.00	6.00
苦荬菜	*Ixeris denticulata*	6.00	10.00
灰脉薹草	*Carex appendiculata*	20.00	30.67
小玉竹	*Polygonatum humile*	12.00	16.00
塔头薹草	*Carex taro*	6.00	22.67
地笋	*Lycopus lucidus*	16.00	—
二歧银莲花	*Anemone dichotoma*	6.00	8.00
兴安白芷	*Angelica dahurica*	16.00	—
大叶蔷薇	*Rosa macrophylla*	4.00	56.00
库页悬钩子	*Rubus sachalinensis*	16.00	—
二色舞鹤草	*Maianthemum bifolium*	28.00	20.00
翼果唐松草	*Thalictrum aquilegifolium*	4.00	—
东北回芹	*Pimpinella thellungiana*	8.00	—
草地勿忘草	*Myosotis suaveolens*	16.00	—

物种名	拉丁文	01 号样地频率/%	02 号样地频率/%
烟管蓟	*Cirsium pendulum*	4.00	—
大果琉璃草	*Cynoglossum formosanum*	8.00	—
堇菜	*Viola verecunda*	16.00	—
球果芥	*Neslia paniculata*	4.00	—
散穗早熟禾	*Poa subfastigiata*	4.00	6.00
兴安薄荷	*Mentha dahurica*	4.00	6.67
蒙古糖芥	*Erysimum flavum*	4.00	8.00
看麦娘	*Alopecurus aequalis*	4.00	10.00
并头黄芩	*Scutellaria scordifolia*	4.00	4.00
沼生拉拉藤	*Galium uliginosum*	10.00	16.00
野火球	*Trifolium lupinaster*	4.00	22.00
巨序剪股颖	*Agrostis gigantea*	—	28.00
山黧豆	*Lathyrus quinquenervius*	—	4.00
毛水苏	*Stachys baicalensis*	—	9.33
长尾婆婆纳	*Veronica longirolia*	—	4.00
野艾蒿	*Artemisia lavandulaefolia*	—	12.00
日荫菅	*Carex pediformis*	—	4.00
茜草	*Rubia cordifolia*	—	4.00
紫草	*Lithospermum erythrorhizon*	—	4.00
广布野豌豆	*Vicia cracca*	—	8.00
伪泥胡菜	*Serratula coronata*	—	4.00
蓍	*Achillea millefolium*	—	4.00
假苇拂子茅	*Calamagrostis pseudophragmites*	—	4.00
驴蹄草	*Caltha palustris*	—	4.00
绢毛绣线菊	*Spiraea sericea*		8.00
铃兰	*Convallaria majalis*	—	6.00
马蔺	*Iris lactea*	—	8.00
黄精	*Polygonatum sibiricum*	—	4.00

物种名	拉丁文	01 号样地频率/%	02 号样地频率/%
鸡树条荚蒾	*Viburnum sargenti*	—	8.00
黄芩	*Scutellaria baicalensis*	—	4.00
蝙蝠葛	*Menispermum dauricum*	—	4.00
粉花地榆	*Sanguisorba officinalis*	—	4.00
紫八宝	*Hylotelephium purpureum*	—	8.00
东北大戟	*Euphorbia manschurica*	—	4.00
长柱金丝桃	*Hypericum longistylum*	—	8.00
翻白蚊子草	*Filipendula intermedia*	—	16.00
香杨	*Populus koreana*	2.00	—
卫矛	*Euonymus alatus*	2.00	—
三蕊柳	*Salix triandra*	10.00	—
龙芽草	*Agrimonia pilosa*	2.00	2.00
二裂委陵菜	*Potentilla bifurca*	4.00	14.00
宽叶山蒿	*Artemisia stolonifera*	4.00	—
缬草	*Valeriana officinalis*	2.00	—
蒙古蒿	*Artemisia mongolica*	4.00	16.00
黄蒿	*Artemisia scoparia*	4.00	2.00
鼠掌老鹳草	*Geranium sibiricum*	24.00	4.00
溚草	*Koeleria cristata*	20.00	2.00
华水苏	*Stachys chinensis*	4.00	4.00
狗筋麦瓶草	*Silene vulgaris*	28.00	—
无芒雀麦	*Bromus inermis*	2.00	—
匍枝委陵菜	*Potentilla flagellaris*	14.00	—
紫斑风铃草	*Campanula punctata*	2.00	—
鹤虱	*Carpesium abrotanoides*	2.00	4.00
鹅绒委陵菜	*Potentilla anserina*	14.00	12.00
裂叶蒿	*Artemisia tanacetifolia*	10.00	—
黄花草木樨	*Melilotus officinalis*	2.00	12.00

物种名	拉丁文	01 号样地频率/%	02 号样地频率/%
小根蒜	*Allium macrostemon*	2.00	—
灰绿藜	*Chenopodium glaucum*	2.00	42.00
尖头叶藜	*Chenopodium acuminatum*	4.00	—
大籽蒿	*Artemisia sieversiana*	4.00	2.00
东北点地梅	*Androsace filiformis*	2.00	—
大麻	*Cannabis sativa*	2.00	—
柳叶蒿	*Artemisia integrifolia*	—	4.00
大叶章	*Cinnamomum austrosinense*	—	16.00
屋根草	*Crepis tectorum*	—	12.00
赖草	*Aneurolepidium dasystachys*	—	14.00
翻白委陵菜	*Potentilla discolor*	—	2.00
光果葶苈	*Draba nemorosa*	—	2.00
北山莴苣	*Lactuca sibirica*	—	4.00
毛萼麦瓶草	*Silene repens*	—	2.00
叉分蓼	*Polygonum divaricatum*	—	4.00
莓叶委陵菜	*Potentilla fragarioides*	—	2.00
蒙古韭	*Allium mongolicum*	2.00	—
物种数合计	128 种		

三、草原植被

（一）贝加尔针茅群落

1. 植物群落基本信息

该样地位于观景台西侧，样地编号 09，地理位置 120°26′50.6″E、50°20′6.90″N，土壤类型为黑钙土。

2. 植物群落物种组成及重要值分析

对内蒙古额尔古纳国家湿地公园贝加尔针茅群落进行野外调查，发现该群落物种数合计为 64 种，群落建群种为贝加尔针茅，主要伴生种和常见种有日荫菅、裂叶蒿、蓬子菜、铁杆蒿、羽茅、棉团铁线莲、麻花头、草地早熟禾、双齿葱、山野豌豆等，偶见种有柳穿鱼、高山紫菀、细叶蓼等（表 3-16）。

表 3-16 贝加尔针茅群落物种组成及重要值

物种名	拉丁文	重要值
贝加尔针茅	*Stipa baicalensis*	15.629 2
日荫菅	*Carex pediformis*	23.086 1
腺毛委陵菜	*Potentilla longifolia*	11.345 2
裂叶蒿	*Artemisia tanacetifolia*	7.666 1
蓬子菜	*Galium verum*	3.681 0
铁杆蒿	*Artemisia gmelinii*	3.884 5
麻花头	*Serratula centauroides*	2.988 2
羽茅	*Achnatherum sibiricum*	6.069 7
岩败酱	*Patrinia rupestris*	3.150 1
大叶野豌豆	*Vicia pseudorobus*	2.215 2
火绒草	*Leontopodium leontopodioides*	2.652 5
黄花菜	*Hemerocallis minor*	3.636 7
水杨梅	*Geum aleppicum*	2.278 7
斑叶堇菜	*Viola variegata*	1.467 9
阿尔泰狗娃花	*Heteropappus altaicus*	2.151 8
棉团铁线莲	*Clematis hexapetala*	3.892 1
草地早熟禾	*Poa pratensis*	3.741 1
单花鸢尾	*Iris uniflora*	3.680 7
细叶白头翁	*Pulsatilla turczaninovii*	1.143 3
达乌里胡枝子	*Lespedeza davurica*	2.303 4

物种名	拉丁文	重要值
黄芩	*Scutellaria baicalensis*	1.454 7
芍药	*Paeonia lactiflora*	2.118 1
囊花鸢尾	*Iris ventricosa*	3.397 4
兴安石竹	*Dianthus chinensis*	1.737 8
细叶柴胡	*Bupleurum scorzonerifolium*	2.551 2
展枝唐松草	*Thalictrum squarrosum*	1.414 6
细叶蓼	*Polygonum angusstifolium*	1.725 9
肥披碱草	*Elymus excelsus*	3.221 7
无芒雀麦	*Bromus inermis*	3.068 1
掌叶白头翁	*Pulsatilla patens*	1.261 2
线叶菊	*Filifolium sibiricum*	2.357 6
高山紫菀	*Aster alpinus*	0.664 5
细叶百合	*Lilium pumilum*	1.302 3
野火球	*Trifolium lupinaster*	1.174 5
多裂叶荆芥	*Schizonepeta multifida*	2.567 6
祁州漏芦	*Rhaponticum uniflorum*	1.323 2
轮叶委陵菜	*Potentilla verticillaris*	1.225 5
地榆	*Sanguisorba officinalis*	2.699 8
双齿葱	*Allium bidentatum*	0.995 2
长尾婆婆纳	*Veronica longirolia*	3.016 8
旱麦瓶草	*Silene jenisseensis*	1.693 8
长柱沙参	*Adenophora stenanthina*	2.119 9
绢毛绣线菊	*Spiraea sericea*	1.444 7
大萼委陵菜	*Potentilla conferta*	6.456 8
狗舌草	*Senecioneae campestris*	1.184 6
大叶龙胆	*Gentiana macrophylla*	1.006 6
桔梗	*Platycodon grandiflorus*	1.073 0
长叶百蕊草	*Thesium longifolium*	1.737 8

物种名	拉丁文	重要值
羽叶风毛菊	*Saussurea maximowiczii*	5.446 4
散穗早熟禾	*Poa subfastigiata*	2.583 1
鸦葱	*Scorzonera austriaca*	1.624 2
达乌里芯芭	*Cymbaria dahurica*	0.905 6
匍枝委陵菜	*Potntilla flagellaris*	1.262 0
狼毒	*Stellera chamaejasma*	0.983 0
柳穿鱼	*Linaria vulgaris*	0.692 1
红茎委陵菜	*Potentilla nudicaulis*	0.895 5
北方拉拉藤	*Galium boreale*	5.696 7
艾蒿	*Artemisia argyi*	3.225 3
瓣蕊唐松草	*Thalictrum petaloideum*	1.853 3
蓍	*Achillea millefolium*	1.059 0
叉分蓼	*Polygonum divaricatum*	7.124 1
菊叶委陵菜	*Potentilla tanacetiflolia*	6.409 4
蒙古蒿	*Artemisia mongolica*	2.002 6
山野豌豆	*Vicia amoena*	2.389 3
物种数合计	64 种	

3．植物群落数量特征

贝加尔针茅群落高度最大值出现在 2018 年，最小值出现在 2017 年，2018 年显著大于 2017 年（$P<0.05$），与 2016 年之间无显著性差异（$P>0.05$）。群落密度和群落盖度动态变化在 2016—2018 年无显著性差异（$P>0.05$）。群落高度、群落密度和群落盖度最大值均出现在 2018 年。从 3 年的动态变化看，群落高度和盖度均表现为先减少后增加的趋势，而群落密度则呈逐年增加趋势（表 3-17）。

表 3-17 贝加尔针茅群落数量特征

调查年份	群落高度/cm	群落密度/（株或丛/m^2）	群落盖度/%
2016	19.80±3.72ab	155.00±27.04a	62.47±3.98a
2017	15.26±1.13b	212.33±19.18a	60.23±8.38a
2018	25.53±2.06a	224.33±19.13a	78.83±7.26a

4．植物群落 α-多样性指数

贝加尔针茅群落 *Ma*、*H'*、*D*、*Jp* 2016—2018 年的动态变化均无显著性差异（$P>0.05$），群落 α-多样性 4 个指数最大值都出现在 2017 年（表 3-18）。

表 3-18 贝加尔针茅群落 α-多样性指数

调查年份	*Ma*	*H'*	*D*	*Jp*
2016	4.32±0.84a	2.58±0.26a	0.87±0.04a	0.83±0.03a
2017	4.54±0.76a	2.85±0.19a	0.91±0.02a	0.89±0.01a
2018	3.54±0.26a	2.61±0.25a	0.88±0.05a	0.87±0.06a

5．植物群落地上生物量

2016—2018 年调查结果显示，贝加尔针茅群落 2018 年和 2016 年现存量显著大于 2017 年（$P<0.05$），2018 年与 2016 年之间差异不显著（$P>0.05$），最大值出现在 2018 年，为 244.23 g/m^2；2016 年枯落物量显著大于 2017 年和 2018 年（$P<0.05$），2017 年和 2018 年之间无显著性差异（$P>0.05$）；从 3 年的动态变化看，地上生物量表现出先减少后增加的趋势（表 3-19）。

表 3-19 贝加尔针茅群落地上生物量

调查年份	现存量/（g/m^2）	枯落物量/（g/m^2）
2016	190.95±19.25a	282.51±23.52a
2017	137.67±14.84b	165.33±18.63b
2018	244.23±32.17a	91.27±18.54b

（二）线叶菊群落

1．植物群落基本信息

该样地位于上库力七队，样地编号 08，地理位置 120°20′3.60″E、50°20′11.3″N，土壤类型为黑钙土。

2．植物群落物种组成及重要值分析

对内蒙古额尔古纳国家湿地公园线叶菊群落进行野外调查，发现该群落中物种数合计为 99 种，建群种为线叶菊，主要伴生种和常见种有羊草、贝加尔针茅、日荫菅、溚草、黄囊薹草、棉团铁线莲、掌叶白头翁、糙隐子草、铁杆蒿、广布野豌豆、匍枝委陵菜、冷蒿，偶见种有毛轴蚤缀、三出委陵菜等，一二年生植物有蛇床、花旗杆等（表 3-20）。

表 3-20　线叶菊群落物种组成及重要值

物种名	拉丁文	重要值
线叶菊	*Filifolium sibiricum*	9.126 1
贝加尔针茅	*Stipa baicalensis*	7.763 3
棉团铁线莲	*Clematis hexapetala*	6.570 8
狼毒大戟	*Euphorbia fischeriana*	4.504 9
细叶白头翁	*Pulsatilla turczaninovii*	4.907 9
掌叶白头翁	*Pulsatilla patens*	6.875 9
草木樨状黄芪	*Astragalus melilotoides*	3.774 4
黄芩	*Scutellaria baicalensis*	3.398 2
祁州漏芦	*Rhaponticum uniflorum*	4.003 3
射干鸢尾	*Iris dichotoma*	3.886 1
囊花鸢尾	*Iris ventricosa*	4.140 0
细叶百合	*Lilium pumilum*	2.194 6
草地麻花头	*Serratula chinensis*	5.579 6

物种名	拉丁文	重要值
日荫菅	*Carex pediformis*	19.336 9
冰草	*Agropyron cristatum*	12.140 3
黄囊薹草	*Carex korshinskyi*	9.292 3
大萼委陵菜	*Potentilla conferta*	7.549 7
黄花菜	*Hemerocallis minor*	6.178 2
展枝唐松草	*Thalictrum sguarrosum*	4.297 1
多叶棘豆	*Oxytropis myriophylla*	4.447 2
糙隐子草	*Cleistogenes spuarrosa*	6.288 8
达乌里胡枝子	*Lespedeza davurica*	3.762 4
地榆	*Sanguisorba officinalis*	2.831 0
细叶柴胡	*Bupleurum scorzonerifolium*	3.627 9
铁杆蒿	*Artemisia gmelinii*	10.469 2
小玉竹	*Polygonatum humile*	4.048 3
块根糙苏	*Phlomis tuberosa*	1.669 7
星毛委陵菜	*Potentilla acaulis*	13.682 0
达乌里芯芭	*Cymbaria daurica*	5.541 3
林地早熟禾	*Poa nemoralis*	2.434 5
广布野豌豆	*Vicia cracca*	4.253 3
蓬子菜	*Galium verum*	3.654 5
光沙蒿	*Artemisia oxycephala*	3.478 1
红纹马先蒿	*Pedicularis striata*	2.473 6
火绒草	*Leontopodium leontopodioides*	7.825 8
堇菜	*Viola verecunda*	1.642 9
斜茎黄芪	*Astragalus adsurgens*	3.167 8
无芒雀麦	*Bromus inermis*	4.897 6
匍枝委陵菜	*Potntilla flagellaris*	18.244 6
蛇床	*Cnidium monnieri*	3.456 2
狼毒	*Stellera chamaejasme*	3.634 2
羊草	*Leymus chinensis*	2.939 0

物种名	拉丁文	重要值
双齿葱	*Allium bidentatum*	1.707 6
石竹	*Dianthus chinensis*	1.265 3
黄精	*Polygonatum sibiricum*	2.929 5
长叶百蕊草	*Thesium longifolium*	2.512 5
轮叶委陵菜	*Potentilla verticillaris*	1.562 5
细叶沙参	*Adenophora paniculata*	4.406 3
亚洲百里香	*Thymus serpyllum*	6.261 3
多裂叶荆芥	*Schizonepeta multifida*	1.187 5
腺毛委陵菜	*Potentilla longifolia*	3.755 9
野火球	*Trifolium lupinaster*	2.910 5
溚草	*Koeleria cristata*	2.426 0
异燕麦	*Helictotrichon schellianum*	2.445 4
毛轴蚤缀	*Arenaria juncea*	2.515 2
有斑百合	*Lilium concolor*	3.842 6
三出委陵菜	*Potentilla betonicaefolia*	1.313 6
细叶韭	*Allium tenuissimum*	4.388 0
细叶黄鹌菜	*Youngia tenuifolia*	3.331 7
冷蒿	*Artemisia frigida*	6.347 2
菊叶委陵菜	*Potentilla tanacetiflolia*	3.086 6
阿尔泰狗娃花	*Heteropappus altaicus*	2.752 4
叉分蓼	*Polygonum divaricatum*	11.531 5
高山紫菀	*Aster alpinus*	3.626 9
山韭	*Allium senescens*	5.990 0
岩败酱	*Patrinia rupestris*	1.339 3
瓦松	*Cotried onjaponico*	0.507 8
毛萼麦瓶草	*Silene repens*	4.604 9
红茎委陵菜	*Potentilla nudicaulis*	4.141 7
狗舌草	*Senecioneae campestris*	1.381 5
羊茅	*Festuca ovina*	3.613 9

物种名	拉丁文	重要值
羽茅	*Achnatherum sibiricum*	3.613 5
蓍	*Achillea millefolium*	2.485 8
地蔷薇	*Chamaerhodos erecta*	0.901 1
东北鸦葱	*Scorzonera manshurica*	3.193 1
瓣蕊唐松草	*Thalictrum petaloideum*	2.423 9
庭荠	*Alyssum desertorum*	5.253 8
费菜	*Sedum aizoon*	1.733 6
防风	*Saposhnikovia divaricata*	1.527 0
芍药	*Paeonia lactiflora*	4.644 3
野艾蒿	*Artemisia lavandulaefolia*	4.425 4
驴蹄草	*Caltha palustris*	2.432 0
紫苞鸢尾	*Iris ruthenica*	2.872 5
蒲公英	*Taraxacum mongolicum*	0.259 4
风毛菊	*Saussurea japonica*	4.968 2
湿地勿忘我	*Myosotis caespitosa*	1.701 0
长尾婆婆纳	*Veronica longirolia*	3.631 5
草原勿忘我	*Myosotis suaveolens*	1.770 2
苦荬菜	*Ixeris denticulata*	0.877 9
寸草薹	*Carex duriuscula*	2.685 7
东北点地梅	*Androsace filiformis*	2.358 0
大叶龙胆	*Gentiana macrophylla*	1.136 6
花旗杆	*Dontostemon dentatus*	3.405 1
翠雀	*Delphinium grandiflorun*	1.101 0
小白菊	*Chrysanthemum parthenium*	1.602 4
燥原荠	*Ptilotricum canescens*	1.176 8
鹤虱	*Carpesium abrotanoides*	3.500 5
蒙古糖芥	*Erysimum flavum*	1.060 8
尖叶胡枝子	*Lespedeza juncea*	2.407 3
物种数合计	99 种	

3．植物群落数量特征

线叶菊群落高度最大值出现在 2016 年，最小值出现在 2017 年，2016 年显著大于 2017 年、2018 年（$P<0.05$），2018 年显著大于 2017 年（$P<0.05$）；群落密度和群落盖度变化趋势表现为 2018 年显著大于 2016 年和 2017 年（$P<0.05$），2016 年、2017 年之间差异不显著（$P>0.05$）；从 2016—2018 年的动态变化看，群落高度和盖度均表现出先减少后增加的趋势，而群落密度则呈逐年增加的趋势（表 3-21）。

表 3-21　线叶菊群落数量特征

调查年份	群落高度/cm	群落密度/（株或丛/m²）	群落盖度/%
2016	15.90±4.24a	184.83±50.13b	51.27±10.07b
2017	9.99±1.83c	188.80±26.44b	46.32±7.19b
2018	13.21±1.78b	253.78±45.93a	72.26±9.45a

4．植物群落 α-多样性指数

线叶菊群落 *Ma* 2017 年和 2018 年显著大于 2016 年（$P<0.05$），2017 年和 2018 年之间无显著性差异（$P>0.05$）；*H'* 2018 年显著大于 2016 年和 2017 年（$P<0.05$），2016 年和 2017 年之间无显著性差异（$P>0.05$）；*D* 和 *Jp* 的动态变化在 2016—2018 年均无显著性差异（$P>0.05$）（表 3-22）。

表 3-22　线叶菊群落 α-多样性指数

调查年份	*Ma*	*H'*	*D*	*Jp*
2016	3.16±0.78b	2.52±0.32b	0.89±0.04a	0.90±0.03a
2017	3.87±0.75a	2.56±0.38b	0.88±0.05a	0.87±0.05a
2018	4.37±0.77a	2.87±0.25a	0.91±0.04a	0.89±0.05a

5．植物群落地上生物量

2016—2018 年调查结果显示，线叶菊群落现存量和枯落物量在 2016—2018 年

差异均不显著（$P>0.05$）；从 3 年的动态变化看，线叶菊群落地上生物量表现出先减少后增加的趋势（表 3-23）。

表 3-23　线叶菊群落地上生物量

调查年份	现存量/（g/m²）	枯落物量/（g/m²）
2016	89.47±15.26a	134.02±18.33a
2017	80.04±11.18a	103.45±9.51a
2018	115.81±17.68a	101.91±10.13a

（三）杂类草群落

1．植物群落基本信息

该样地在拉布大林大桥以东，刚进入内蒙古额尔古纳国家湿地公园的西南侧，河流南岸入口的位置，样地编号 06，地理位置 120°16′1.20″E、50°19′72.4″N，土壤类型为黑钙土。

2．植物群落物种组成及重要值分析

对内蒙古额尔古纳国家湿地公园杂类草群落进行野外调查，发现该群落物种数合计为 99 种，种类繁多，很难找出明显的建群种，主要物种有羊草、地榆、裂叶蒿、展枝唐松草、黄囊薹草、糙隐子草、寸草薹、芍药、匍枝委陵菜、蓬子菜、日荫菅、鹅绒委陵菜等，偶见种有狗舌草、白花委陵菜、缬草、少花顶冰花等，一二年生植物稀少，有光果葶苈、独行菜等（表 3-24）。

表 3-24　杂类草群落物种组成及重要值

物种名	拉丁文	重要值
羊草	*Leymus chinensis*	6.430 3
寸草薹	*Carex duriuscula*	5.225 9
日荫菅	*Carex pediformis*	8.584 7
菊叶委陵菜	*Potentilla tanacetifolia*	4.182 5

物种名	拉丁文	重要值
草地早熟禾	*Poa pratensis*	5.083 8
展枝唐松草	*Thalictrum sguarrosum*	10.608 2
裂叶蒿	*Artemisia tanacetifolia*	10.000 5
蓬子菜	*Galium verum*	5.106 3
细叶柴胡	*Bupleurum scorzonerifolium*	3.503 7
野火球	*Trifolium lupinaster*	2.424 7
蒙古韭	*Allium mongolicum*	2.520 8
苦荬菜	*Ixeris denticulata*	2.817 3
二裂委陵菜	*Potentilla bifurca*	2.007 3
石竹	*Dianthus chinensis*	2.123 6
长叶百蕊草	*Thesium longifolium*	2.932 6
大萼委陵菜	*Potentilla conferta*	3.198 7
东北茴芹	*Pimpinella cnidioides*	1.913 6
光沙蒿	*Artemisia oxycephala*	4.481 3
丝叶蓍	*Achillea setacea*	2.430 5
毛萼麦瓶草	*Silene repens*	1.241 2
叉分蓼	*Polygonum divaricatum*	2.787 0
有斑百合	*Lilium concolor*	2.676 0
无芒雀麦	*Bromus inermis*	3.703 1
山黧豆	*Lathyrus quinquenervius*	2.958 3
山韭	*Allium senescens*	2.820 8
鸦葱	*Scorzonera austriaca*	1.691 8
溚草	*Koeleria cristata*	4.422 1
沼生拉拉藤	*Galium uliginosum*	2.495 5
地榆	*Sanguisorba officinalis*	6.706 8
鹅绒委陵菜	*Potntilla anserina*	4.294 9
问荆	*Equisetum arvense*	3.412 9
黄花菜	*Hemerocallis minor*	3.668 0

物种名	拉丁文	重要值
山野豌豆	*Vicia amoena*	2.666 8
匍枝委陵菜	*Potntilla flagellaris*	14.901 4
鼠掌老鹳草	*Geranium sibiricum*	1.443 2
展枝沙参	*Adenophora divaricata*	1.206 0
草地风毛菊	*Saussurea amara*	2.288 4
巨序剪股颖	*Agrostis gigantea*	4.857 9
东北大戟	*Euphorbia manschurica*	1.249 1
大砧草	*Rubia chinensis*	1.693 4
北山莴苣	*Lactuca sibirica*	1.985 0
斜茎黄芪	*Astragalus adsurgens*	1.766 0
细叶白头翁	*Pulsatilla turczaninovii*	0.713 9
芍药	*Paeonia lactiflora*	5.958 5
麻花头	*Serratula centauroides*	3.360 7
野韭	*Allium ramosum*	2.541 9
山荆子	*Malus baccata*	2.413 3
狼毒	*Stellera chamaejasme*	3.646 8
轮叶婆婆纳	*Veronica spuria*	8.073 4
山刺玫	*Rosa davurica*	5.665 0
箭头唐松草	*Thalictrum simplex*	3.557 2
酸模	*Rumex acetosa*	3.250 1
蒙古糖芥	*Erysimum flavum*	1.959 3
厚叶沙参	*Adenophora gmalinii*	1.665 9
阿尔泰狗娃花	*Heteropappus altaicus*	0.834 6
光果葶苈	*Draba nemorosa*	1.593 8
紫菀	*Aster tataricus*	1.609 4
粉花地榆	*Sanguisorba officinalis*	0.338 4
兴安藜芦	*Veratrum dahuricum*	4.189 2
单花鸢尾	*Iris uniflora*	4.275 8

物种名	拉丁文	重要值
狗舌草	*Senecioneae campestris*	0.325 8
旋覆花	*Inula japonica*	2.095 5
野罂粟	*Papaver nudicaule*	2.128 9
毛轴蚤缀	*Arenaria juncea*	2.585 0
驴蹄草	*Caltha palustris*	1.144 5
缬草	*Valeriana officinalis*	1.186 2
紫苞鸢尾	*Iris ruthenica*	1.162 3
块根糙苏	*Phlomis tuberosa*	4.506 0
少花顶冰花	*Gagea pauciflora*	1.860 2
射干鸢尾	*Belamcanda adans*	2.308 0
黄囊薹草	*Carex korshinskyi*	7.152 7
糙隐子草	*Cleistogenes spuarrosa*	6.855 1
细叶景天	*Sedum elatinoides*	1.013 2
小叶锦鸡儿	*Caragana microphylla*	2.048 9
细叶韭	*Allium tenuissimum*	0.834 6
白花委陵菜	*Potentilla inquinans*	0.736 8
女娄菜	*Silene aprica*	3.455 3
水杨梅	*Adina rubella*	0.387 2
平车前	*Plantago depressa*	0.314 1
野艾蒿	*Artemisia lavandulaefolia*	1.307 8
伏毛山莓草	*Sibbaldia adpressa*	0.297 3
柳叶绣线菊	*Spiraea salicifolia*	0.183 4
旱麦瓶草	*Silene jenisseensis*	0.552 9
斑叶堇菜	*Viola variegata*	0.233 4
大叶龙胆	*Gentiana macrophylla*	0.440 5
翻白委陵菜	*Potentilla discolor*	3.116 7
翠雀	*Delphinium grandiflorun*	2.719 3
棉团铁线莲	*Clematis hexapetala*	2.505 8

物种名	拉丁文	重要值
碱菀	*Tripolium vulgare*	2.557 5
蒲公英	*Taraxacum mongolicum*	1.651 2
堇菜	*Viola verecunda*	1.579 2
林风毛菊	*Saussurea sinuata*	3.068 5
大婆婆纳	*Veronica dahurica*	1.512 7
小玉竹	*Polygonatum humile*	2.058 6
羽茅	*Achnatherum sibiricum*	1.727 4
蒙古蒿	*Artemisia mongolica*	0.919 8
独行菜	*Lepidium apetalum*	1.939 1
鹤虱	*Carpesium abrotanoides*	2.655 1
灰绿藜	*Chenopodium glaucum*	3.314 7
物种数合计	99 种	

3．植物群落数量特征

杂类草群落高度最大值出现在 2016 年，最小值出现在 2017 年，2016 年显著大于 2017 年、2018 年（$P<0.05$），2018 年显著大于 2017 年（$P<0.05$）；群落密度变化趋势表现为 2018 年显著大于 2017 年（$P<0.05$），但与 2016 年之间差异不显著（$P>0.05$）；群落盖度变化趋势表现为 2016 年和 2018 年显著大于 2017 年（$P<0.05$），2016 年和 2018 年之间无显著性差异（$P>0.05$）；从 2016—2018 年的动态变化看，群落高度、密度和盖度均表现出先减少后增加的趋势（表 3-25）。

表 3-25　杂类草群落数量特征

调查年份	群落高度/cm	群落密度/（株或丛/m^2）	群落盖度/%
2016	14.30±3.87a	399.67±55.26ab	66.90±18.48a
2017	2.39±0.35c	326.10±64.08b	24.06±6.84b
2018	6.79±1.27b	424.13±59.21a	68.53±12.89a

4．植物群落 α-多样性指数

杂类草群落 *Ma* 和 *H'* 2016 年显著大于 2017 年和 2018 年（$P<0.05$），2018 年显著大于 2017 年（$P<0.05$）；*D* 2016 年和 2018 年显著大于 2017 年（$P<0.05$），2016 年和 2018 年之间无显著性差异（$P>0.05$）；*Jp* 的动态变化在 2016—2018 年均无显著性差异（$P>0.05$）；从 2016—2018 年的动态变化看，群落 α-多样性 4 个指数的最大值均出现在 2016 年（表 3-26）。

表 3-26　杂类草群落 α-多样性指数

调查年份	*Ma*	*H'*	*D*	*Jp*
2016	3.64±0.54a	2.78±0.17a	0.91±0.02a	0.89±0.03a
2017	1.95±0.50c	2.14±0.19c	0.85±0.03b	0.86±0.05a
2018	3.17±0.53b	2.61±0.14b	0.89±0.02a	0.88±0.03a

5．植物群落地上生物量

2016—2018 年调查结果显示，杂类草群落现存量 2016 年显著大于 2017 年和 2018 年（$P<0.05$），2018 年显著大于 2017 年（$P<0.05$），最大值出现在 2016 年，为 114.75 g/m^2；枯落物量 2016 年显著大于 2017 年和 2018 年（$P<0.05$），2017 年和 2018 年之间无显著性差异（$P>0.05$）；杂类草群落地上生物量最大值出现在 2016 年（表 3-27）。

表 3-27　杂类草群落地上生物量

调查年份	现存量/（g/m^2）	枯落物量/（g/m^2）
2016	114.75±19.67a	100.86±4.41a
2017	49.12±10.48c	12.42±1.25b
2018	65.88±14.51b	14.37±5.93b

四、草甸植被——杂类草草甸

1. 植物群落基本信息

该样地位于小乌尔根，样地编号04，地理位置120°32′4.78″E、50°22′52.12″N，土壤类型为草甸土。

2. 植物群落物种组成及重要值分析

对内蒙古额尔古纳国家湿地公园杂类草草甸群落进行野外调查，发现该群落物种数合计为76种，种类繁多，很难找出明显的建群种，主要物种有灰脉薹草、羊草、无芒雀麦、蓬子菜、垂穗披碱草、鹅绒委陵菜、毛萼麦瓶草、匍枝委陵菜、山野豌豆、蚊子草、日荫菅等，偶见种有黄金菊、长柱金丝桃、高山紫菀、硬毛南芥、碱菀等（表3-28）。

表3-28 杂类草草甸物种组成及重要值

物种名	拉丁文	重要值
灰脉薹草	*Carex appendiculata*	23.377 6
羊草	*Leymus chinensis*	12.106 6
蓬子菜	*Galium verum*	11.777 4
无芒雀麦	*Bromus inermis*	12.626 7
林地早熟禾	*Poa nemoralis*	5.970 3
垂穗披碱草	*Elymus nutans*	7.301 8
湿地早熟禾	*Poa irrigata*	4.892 3
碱菀	*Tripolium vulgare*	4.172 7
鹅绒委陵菜	*Potntilla anserina*	4.685 3
大萼委陵菜	*Potentilla conferta*	4.535 8
二歧银莲花	*Anemone cathayensis*	3.850 6
毛茛	*Ranunculus japonicus*	2.503 1
水杨梅	*Adina rubella*	3.297 4

物种名	拉丁文	重要值
芥叶蒲公英	*Taraxacum brassicaefolum*	2.223 6
垂梗繁缕	*Stellaria radians*	3.190 0
车前	*Plantago asiatica*	2.500 3
山黧豆	*Lathyrus quinquenervius*	3.162 5
长尾婆婆纳	*Veronica longirolia*	1.680 7
箭头唐松草	*Thalictrum simplex*	3.138 1
湿生千里光	*Senecio arcticus*	5.495 8
旋覆花	*Inula japonica*	2.409 5
野艾蒿	*Artemisia lavandulaefolia*	2.384 1
北方老鹳草	*Geranium erianthum*	2.407 8
黄金菊	*Perennial chamomile*	0.728 3
风毛菊	*Saussurea japonica*	4.300 9
铺地委陵菜	*Potentilla supina*	5.999 7
烟管蓟	*Cirsium pendulum*	2.089 0
毛萼麦瓶草	*Silene repens*	11.928 2
宽叶山蒿	*Artemisia stolonifera*	1.694 8
紫花鸢尾	*Iris kaempferi*	4.924 2
短穗看麦娘	*Alopecurus brachystachyus*	4.329 1
高山紫菀	*Aster alpinus*	0.221 4
柳叶绣线菊	*Spiraea salicifolia*	1.649 8
山野豌豆	*Vicia amoena*	6.494 0
蚊子草	*Filipendula palmata*	4.409 2
匍枝委陵菜	*Potntilla flagellaris*	10.172 3
莓叶委陵菜	*Potentilla fragarioides*	0.993 6
广布野豌豆	*Vicia cracca*	4.407 3
紫菀	*Aster tataricus*	2.467 5
硬毛南芥	*Arabis hirsuta*	3.157 4
紫八宝	*Hylotelephium purpureum*	1.104 7

物种名	拉丁文	重要值
问荆	*Equisetum arvense*	1.614 2
地榆	*Sanguisorba officinalis*	1.375 9
日荫菅	*Carex pediformis*	8.112 5
裂叶蒿	*Artemisia tanacetifolia*	4.722 7
二裂委陵菜	*Potentilla bifurca*	5.162 6
块根糙苏	*Phlomis tuberosa*	6.407 5
长叶百蕊草	*Thesium longifolium*	1.231 4
酸模	*Rumex acetosa*	4.102 7
多裂委陵菜	*Potentilla multifida*	1.029 2
山林薹草	*Carex yamatsutana*	5.851 7
腺毛委陵菜	*Potentilla longifolia*	3.226 6
苦荬菜	*Ixeris denticulata*	3.884 2
长柱金丝桃	*Hypericum longistylum*	1.036 9
丝叶蓍	*Achillea setacea*	4.271 5
蓍	*Achillea millefolium*	2.958 7
散穗早熟禾	*Poa subfastigiata*	5.450 2
大砧草	*Rubia chinensis*	1.019 1
叉繁缕	*Stellaria dichotoma*	2.836 6
轮叶婆婆纳	*Veronica spuria*	3.944 6
伪泥胡菜	*Serratula coronata*	4.476 0
阿尔泰狗娃花	*Heteropappus altaicus*	1.264 2
北山莴苣	*Lactuca sibirica*	1.709 9
草地早熟禾	*Poa pratensis*	5.165 6
草原勿忘我	*Myosotis suaveolens*	2.471 0
东北点地梅	*Androsace filiformis*	1.898 3
翻白委陵菜	*Potentilla discolor*	3.032 4
拂子茅	*Calamagrostis epigeios*	4.102 5
狗舌草	*Senecioneae campestris*	3.228 4

物种名	拉丁文	重要值
巨序剪股颖	*Agrostis gigantea*	3.998 7
两栖蓼	*Polygonum amphibium*	3.463 1
蒙古蒿	*Artemisia mongolica*	3.184 4
溚草	*Koeleria cristata*	2.161 0
鼠掌老鹳草	*Geranium sibiricum*	1.543 2
光果葶苈	*Draba nemorosa*	1.731 1
沼生拉拉藤	*Galium uliginosum*	1.124 1
物种数合计	76 种	

3．植物群落数量特征

杂类草草甸植被的群落高度 2016 年显著大于 2017 年、2018 年（$P<0.05$），2017 年和 2018 年之间无显著性差异（$P>0.05$），最小值出现在 2017 年；群落密度和群落盖度的变化趋势表现为 2016 年和 2018 年显著大于 2017 年（$P<0.05$），2016 年和 2018 年之间差异不显著（$P>0.05$）；从 2016—2018 年的动态变化看，群落高度、密度和盖度均表现出先减少后增加的趋势（表 3-29）。

表 3-29　杂类草草甸数量特征

调查年份	群落高度/cm	群落密度/（株或丛/m^2）	群落盖度/%
2016	27.02±4.46a	521.80±127.38a	76.63±12.15a
2017	18.90±4.61b	366.22±99.08b	63.88±10.99b
2018	21.35±2.97b	487±163.41a	85.46±10.11a

4．植物群落 α-多样性指数

杂类草草甸植被 *Ma*、*H'*、*D* 和 *Jp* 的动态变化在 2016—2018 年均无显著性差异（$P>0.05$）（表 3-30）。

表 3-30 杂类草草甸 α-多样性指数

调查年份	*Ma*	*H'*	*D*	*Jp*
2016	2.76±0.39a	2.43±0.22a	0.87±0.04a	0.84±0.06a
2017	2.95±0.51a	2.53±0.23a	0.89±0.04a	0.88±0.05a
2018	2.76±0.62a	2.56±0.24a	0.90±0.03a	0.89±0.04a

5. 植物群落地上生物量

2016—2018 年调查结果显示，杂类草草甸在 2016—2018 年现存量无显著性差异（$P>0.05$），最大值出现在 2016 年，为 335.35 g/m^2；枯落物量 2016 年和 2017 年显著大于 2018 年（$P<0.05$），2016 年和 2017 年之间无显著性差异（$P>0.05$）；杂类草草甸枯落物量在 2016—2018 年的动态变化表现出逐渐减少的趋势（表 3-31）。

表 3-31 杂类草草甸地上生物量

调查年份	现存量/（g/m^2）	枯落物量/（g/m^2）
2016	335.35±56.32a	89.64±19.23a
2017	297.42±84.53a	94.72±10.31a
2018	305.27±22.38a	63.25±11.98b

五、沼泽植被

钻天柳沼泽[4]

1. 植物群落基本信息

样地编号 03，位于育良种场，地理位置 120°38′29.8″E、50°21′5.74″N。对钻天柳集中分布的 1 号岛（样地编号 13）和 2 号岛（样地编号 14）进行钻天柳种群调查，1 号岛地理位置 120°26′22″E、50°21′19″N，2 号岛地理位置 120°25′48″E、50°23′10″N。土壤类型均为沼泽土。

2. 植物群落物种组成

对内蒙古额尔古纳国家湿地公园钻天柳沼泽 03 号样地进行野外调查，发现该群落物种数合计为 55 种，建群种为钻天柳，主要伴生种有稠李、光叶山楂、家榆、山荆子等；常见草本伴生种有小叶章、灰脉薹草、林地早熟禾、水杨梅、白屈菜、垂穗披碱草、展枝唐松草等（表 3-32）。

表 3-32　钻天柳沼泽物种组成

物种名	拉丁文	频度/%
钻天柳	*Chosenia arbutifolia*	53.33
稠李	*Prunus padus*	56.00
小叶章	*Calamagrostis angustifolia*	32.00
灰脉薹草	*Carex appendiculata*	16.00
林地早熟禾	*Poa nemoralis*	41.33
水杨梅	*Adina rubella*	34.67
红瑞木	*Swida alba*	4.00
悬钩子	*Rubus corchorifolius*	22.00
白屈菜	*Chelidonium majus*	22.00
家榆	*Ulmus pumila*	24.00
山野豌豆	*Vicia amoena*	4.00
库页堇菜	*Viola sacchalinensis*	8.00
莓叶委陵菜	*Potentilla fragarioides*	16.00
繁缕	*Tellaria media*	26.00
长尾婆婆纳	*Veronica longirolia*	6.00
蒙古糖芥	*Erysimum flavum*	8.00
舞鹤草	*Maianthemum bifolium*	22.00
问荆	*Equisetum arvense*	4.00
升麻	*Cimicifuga dahurica*	4.00
光叶山楂	*Crataegus dahurica*	6.00

物种名	拉丁文	频度/%
垂穗披碱草	*Elymus nutans*	28.00
毛水苏	*Stachys baicalensis*	32.00
野艾蒿	*Artemisia lavandulaefolia*	36.00
山荆子	*Malus baccata*	12.00
芥叶蒲公英	*Taraxacum brassicaefolum*	4.00
楔叶茶藨子	*Ribes diacanthum*	8.00
二歧银莲花	*Anemone dichotoma*	14.00
种阜草	*Moehringia lateriflora*	20.00
蒲公英	*Taraxacum mongolicum*	18.00
车前	*Plantago asiatica*	8.00
垂果南芥	*Arabis pendula*	44.00
展枝唐松草	*Thalictrum squarrosum*	32.00
硬皮葱	*Allium ledebourianum*	8.00
苦荬菜	*Ixeris denticulata*	8.00
毛茛	*Ranunculus japonicus*	8.00
粗根老鹳草	*Geranium dahuricum*	44.00
羊草	*Leymus chinensis*	24.00
箭头唐松草	*Thalictrum simplex*	16.00
藜	*Chenopodium album*	40.00
堇菜	*Viola verecunda*	4.00
山林薹草	*Carex yamatsutana*	8.00
小玉竹	*Polygonatum humile*	6.00
地榆	*Sanguisorba officinalis*	4.00
屋根草	*Crepis tectorum*	16.00
二裂委陵菜	*Potentilla bifurca*	24.00
北山莴苣	*Lactuca sibirica*	12.00
狭叶荨麻	*Urtica angustifolia*	4.00
烟管蓟	*Cirsium pendulum*	12.00

物种名	拉丁文	频度/%
山刺玫	*Rosa davurica*	4.00
轴藜	*Axyris amaranthoides*	8.00
宽叶山蒿	*Artemisia stolonifera*	8.00
兴安薄荷	*Mentha dahurica*	8.00
匍枝毛茛	*Ranunculus repens*	4.00
狼把草	*Bidens tripartita*	4.00
麻花头	*Serratula centauroides*	4.00
物种数合计	55 种	

3．钻天柳种群径级结构

根据刘海燕等对种群结构特征的研究[10]，结合钻天柳生长实际，将钻天柳种群按胸径每相差 5 cm 划分为 1 个径级，即 0～5 cm（包括 5 cm）的幼苗记为 1 径级，5～10 cm（包括 10 cm）为 2 径级，以此类推，逐级增加到 50～55 cm 为 11 径级，共划分为 11 个径级。将胸径（DBH）的顺序看作是时间顺序，绘制钻天柳径级结构图，胸径 0～10 cm 的幼龄植株，植株数量为零，胸径 10～20 cm 的中龄植株，其个体数目占整个种群数量的 13.64%；而胸径＞20 cm 的成年树，其个体数目占整个种群数量的 86.38%。各径级的数目特征表现出小径级植株个体数目较少，中间径级和大径级的植株数目较多的变化趋势。其中，以 7、8、9 径级的植株个体数目居多，它们的数量占钻天柳总株数的 68.19%；1 径级和 2 径级、5 径级的个体数目最少，植株数目为零（图 3-1）。

如图 3-2 所示，不同生境的钻天柳种群由于所处微环境的差异，在径级结构上存在一定的区别，但均有大径级植株的个体数目较多，小径级植株的个体数目较少的分布趋势。其中 1 号岛、2 号岛均以 7、8、9 径级的植株个体数目最多，1 号岛 7、8、9 径级个体数量占其钻天柳总株数的 88.88%，2 号岛 7、8、9 径级个体数量占其钻天柳总株数的 53.84%。1 号岛种群 1～6 径级个体数目为 0，未见幼龄个体，从 6 径级开始个体数量迅速增加，到 9 径级时数目减少。2 号岛种群 1、2 径级的个体数目为 0，从 2 径级开始，随径级增加个体数目呈波状分布，在 3 径级和 7 径级出现峰值。与 1 号岛相比，2 号岛 3、4 径级有植株分布，数目呈波状分布，变幅小。1 号岛植株主要集中分布在大径级结构中。

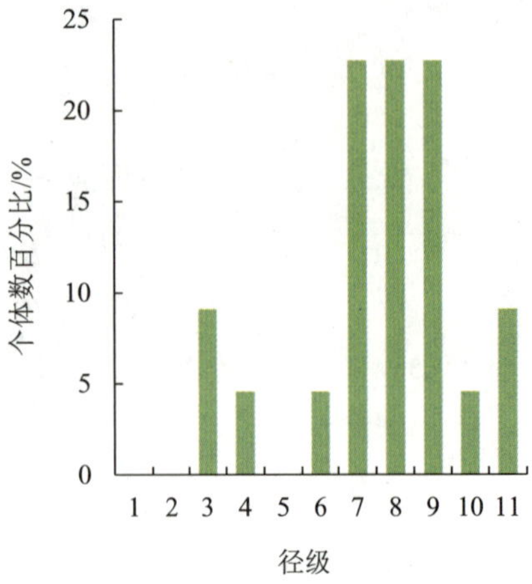

图 3-1　钻天柳种群径级结构

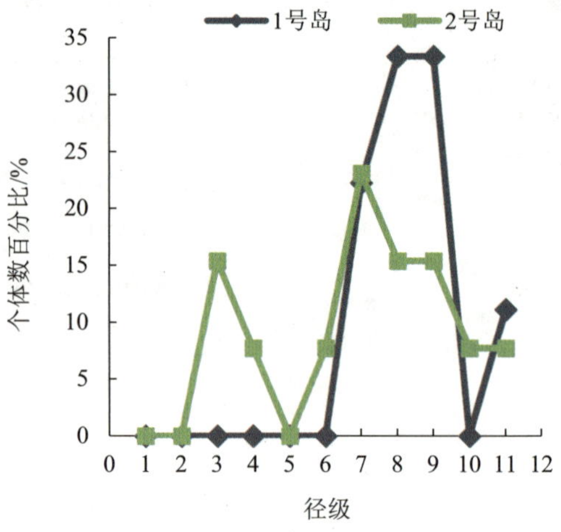

图 3-2　不同生境钻天柳种群径级结构变化

4. 钻天柳种群高度结构

依据谢佳彦等对幼苗的株高等级划分标准[11]，结合钻天柳生长实际，将树高≤1 m 的钻天柳定为 1 高度级，将 1 m＜树高≤2 m 定为 2 高度级，将 2 m＜树高≤5 m 定为 3 高度级，将 5 m＜树高≤9 m 定为 4 高度级，之后以 4 m 为一高度级增加一级[10, 11]，即将 9～13 m 作为 5 高度级，以此类推，逐级增加到 25～29 m 为 9 高度级，共划分 9 个高度级。以高度级为横坐标，各高度级个体数占植株总数的百分比为纵坐标，绘制出钻天柳种群的高度结构图。

如图 3-3 所示，钻天柳个体数量随高度级的增加呈现不稳定的变化趋势，其中 7、8 高度级的钻天柳个体数量最多，占总株数的 59.1%，其次为 5 高度级，其个体数量占总株数的 18.18%，钻天柳株数主要集中在 5～8 高度级上，其个体比例高达 86.37%。3、4 高度级的个体数量均占总株数的 4.55%，1、2 高度级的钻天柳个体数量为 0，这说明钻天柳种群内部幼苗较少，钻天柳高度较高的个体数偏多。

如图 3-4 所示，由于生境不同，1 号岛和 2 号岛的钻天柳种群高度分布规律有一定的差异。1 号岛种群中 1～4 高度级的钻天柳个体数目为 0，个体数量从 4 高度级开始递增，从 5 高度级递减，之后又从 6 高度级递增，从 8 高度级开始递减，1 号岛钻天柳个体数量为 8 高度级的最多，比例为 44.44%；2 号岛种群中 1～2 高度级的钻天柳个体数目为 0，个体数量随高度级的增加而增加，到 7 高度级钻天柳个体数量最多，比例为 38.46%，之后个体数量随高度级的增加而迅速减少，株数分布主要集中于 5～8 高度级，相比较来说，1 号岛钻天柳种群的高度整体呈现波动幅度较大的变化趋势，2 号岛较为稳定。

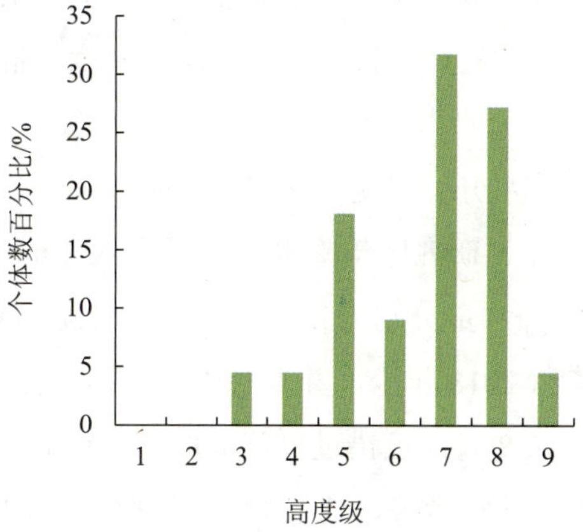

图 3-3　钻天柳种群高度结构

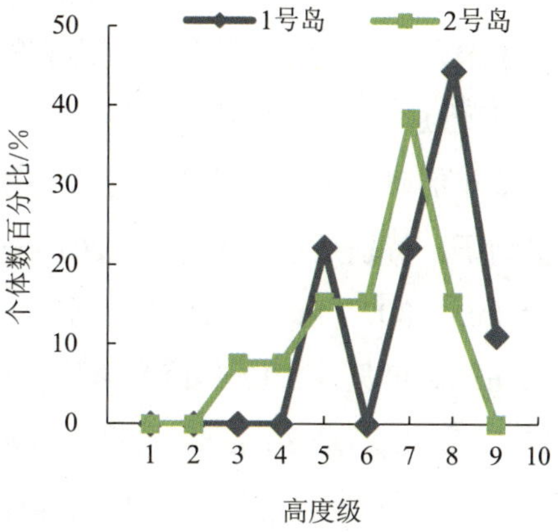

图 3-4　不同生境钻天柳种群高度结构变化

第四节　结论与讨论

一、森林和灌丛植被

经过 2016—2018 年对内蒙古额尔古纳国家湿地公园植被调查，公园中森林植被整体保护良好。灌丛植被中蒿柳 + 粉枝柳 + 塔头薹草群落（7 号样地）随着公园进行围栏建设，保护力度加大，在 2018 年群落密度和群落盖度较前两年显著提升；蒿柳 + 柳叶绣线菊 + 小叶章群落（1 号、2 号样地）在调查中出现较多的一二年生植物，与人工湖修建过程中短期人为干扰严重有关，解除人为干扰后，植被可逐步恢复。

二、草原和草甸植被

杂类草群落（6 号样地）的物种数最多，线叶菊群落（8 号样地）居中，贝加尔针茅群落（9 号样地）最少。杂类草群落的群落高度、群落密度、群落盖度在 2016—2018 年 3 年间变化较大，特别是 2017 年群落高度降到 2.39 cm，比 2016 年下降 83.29%，与 2017 年 5 月、6 月降水少及该样地 2017 年进行了重度放牧有关。贝加尔针茅群落位于观景台附近，周边有栈道，保护良好，群落高度、群落密度和群落盖度出现逐渐增加的趋势。

多年的研究表明，除破坏性人为干扰外，水分、温度和光照是限制牧草生长的主要因子，特别是水分条件[3]。2016—2018 年，研究区年降水量分别为 331 mm、283.5 mm、307.7 mm，其中生长季 5—9 月降水量分别为 283.7 mm、241.4 mm、280.2 mm。可见，2017 年降水量较 2016 年和 2018 年少，并且 2017 年五六月牧草返青期降水量不足 30 mm，大量的降水集中在 8 月，已错过牧草最佳返青季节。因此，出现草本植物群落的群落高度、群落密度、群落盖度、地上生物量等指标 2017 年降低的趋势，这与 2017 年降水量少有关。

三、沼泽植被

对内蒙古额尔古纳国家湿地公园钻天柳种群径级结构的研究可知，天然分布区的钻天柳种群径级和高度结构规律为典型的“凸”形特征，不同生境的钻天柳种群均以中间径级和大径级的植株数目较多，小径级植株个体几乎没有。这说明钻天柳种群内部幼苗极少，高度偏高的个体数较多。幼苗是维系钻天柳种群稳定发展和持续更新的重要基础，如果不及时补充幼树，钻天柳种群将处于衰退趋势中，这对钻天柳种群的发展极为不利。从森林持续稳定的角度来看，只有保证足够数量的幼树，才能保障钻天柳种群的持续发展[12]。

由于本次调查数据采集时间短，不同植物群落及钻天柳种群的变化趋势还需进一步监测，其中的机理机制也需进一步探讨。

内蒙古额尔古纳国家湿地公园距离人居环境较近，且交通便利，公园受人类活动影响，建议相关部门完善相关规章制度，加大公园保护的执行力度，同时加强宣传，促使人们树立环保观念，增强保护意识，从而使公园内的钻天柳资源及其他植被得到更好的保护，实现可持续发展。

参考文献

[1] 中国科学院内蒙古宁夏综合考察队．内蒙古植被[M]．北京：科学出版社，1985.

[2] 牛翠娟，娄安如，孙儒泳，等．基础生态学[M]．北京：高等教育出版社，2007.

[3] 杨筑筑，吕晓涛，宋彦涛，等．草原植物群落分类方法的比较研究——以呼伦贝尔草原为例[J]．生态学杂志，2017，36（8）：2375-2384.

[4] 周以良．中国大兴安岭植被[M]．北京：科学出版社，1991.

[5] 刘佳慧．内蒙古东部区湿地植被分类及其空间分异规律研究[D]．呼和浩特：内蒙古大学，2006.

[6] 丁聪，刘吉平，马梦谣，等．向海草甸——沼泽生态系统植物群落物种多样性[J]．湿地科学，2017，15（4）：552-555.

[7] 中国湿地植被编辑委员会．中国湿地植被[M]．北京：科学出版社，1999.

[8] 李宏伟，田竹君，胥铭兴，等．大兴安岭东部林区湿地重要性及保护措施[J]．东北水利水电，2013，31（8）：42-44.

[9] 柳长青．内蒙古大兴安岭林区湿地保护的必要性[J]．内蒙古林业调查计，2011，34（2）：9，12.

[10] 刘海燕，杨乃坤，邹天才，等．贵州特有植物贵州槭的种群结构及动态研究[J]．广西植物，2016，36（5）：548-556.

[11] 谢佳彦，邓志平．杭州五云山米槠种群幼苗大小结构及空间分布格局研究[J]．生态学杂志，2003（5）：35-39.

[12] 王凯．内蒙古湿地保护的重要性及保护策略[J]．现代园艺，2018（24）：128-129.

第四章
动物资源

E'ERGUNA
GUOJIA SHIDI GONGYUAN SHENGWU
DUOYANGXING DIAOCHA BAOGAO

第一节　昆虫

昆虫多样性作为生态环境的重要组成部分，是生态系统可持续发展的资源保障之一。昆虫种类繁多，习性各异，蕴藏着极大的生物资源量，庞大的昆虫类群对自然界的生态平衡发挥重要作用。与脊椎动物相比，昆虫在自然界中占据了多样性更高、空间尺度更小的生境，对生境的变化也更敏感，具有广谱的生物地理学和生态学探针功能。

为了从总体上明确内蒙古额尔古纳国家湿地公园昆虫的区系成分构成及分布特征，2016 年 7 月—2018 年 7 月，以内蒙古额尔古纳国家湿地公园为中心，对其范围内的昆虫种类进行了 3 次共 40 余天的调查，根据额尔古纳的地势特征，分别在康大该山、上库力乡七队、加拉嘎大桥、根河桥、小乌尔根、伊根河、鸟岛 7 个地段设置大样带，每地段设置 3 个样带，样带根据地形设置为 100 m × 500 m 或 20 m × 200 m，共 21 个样带。采用网捕法共采集昆虫 600 余只，制作成有效标本 380 余件，隶属 9 目 48 科 87 属 105 种。

一、内蒙古额尔古纳国家湿地公园昆虫名录

（一）直翅目 Orthoptera

1．螽斯科 Tettigoniidae

（1）**暗褐蝈螽**（*Gampsocleis sedakovii obscura*）

又名“吱拉子”，体型粗壮，中等偏大，体长 35～40 mm，体色通常为草绿或褐绿色。外形与优雅蝈螽相似，但比其小。翅膀超长，超过身体。广泛分布于我国各地。

（2）**中华寰螽**（*Altanticus sinensis*）

体中型褐色，短翅，前胸背板两侧色淡。翅淡褐色革质。广泛分布于华北地区。

（3）优雅蝈螽（*Gampsocleis gratiosa*）

又称蝈蝈，身形硕大，体长 28～50 mm，雌性较雄性更为粗壮，超大个体雌性或接近 70 mm，其翅短，鸣声清脆响亮。体色分绿色和褐色两种。我国北方各地均有分布。

2．硕螽科 Bradyporidae

（4）笨棘颈螽（*Deracantha onos*）

又称懒螽，体型硕大，雌性略大于雄性；体色棕红色。性情凶猛。笨棘颈螽为杂食肉食性昆虫，主食小型昆虫及各种植物，对植物有一定危害。北京、河北北部、黑龙江及内蒙古、甘肃等地均有分布。

3．斑翅蝗科 Oedipodidae

（5）黄胫异痂蝗（*Bryodemella holdereri holdereri*）

头顶短宽，顶端钝圆，侧缘隆线明显，头侧窝明显，触角丝状，略长；体色黄褐色，前翅散布暗色斑点，后翅端部本色透明。东北、内蒙古、青海、甘肃等地均有分布。

（6）轮纹异痂蝗（*Bryodemella tuberculatum*）

成虫体长雄 29～39 mm，雌 34～48 mm。前翅雄 30～38 mm，雌 29～36 mm。体黄褐或灰褐色，常具粗大刻点、短隆线和颗粒。前后翅发达，几乎达后足胫节顶端。后翅基部玫瑰色，中部具较狭的暗色横斑纹。我国北方各地都很常见。

（7）蒙古束颈蝗（*Sphingonotus mongolicus*）

小型蝗虫，体色暗淡，近土黄色，后翅淡蓝色，前胸前部收束明显，成颈部形状。北京、河北、内蒙古等地均有分布。

（8）黄胫小车蝗（*Oedaleus infernalis*）

雄虫体长 23～28 mm，翅长 22～26 mm；雌虫体长 30～39 mm，翅长 27～34 mm。体绿色或黄褐色。前后翅发达，常超过后足股节。后翅基部淡黄色，中部具有到达后缘的暗色窄带纹；雄性后翅顶端呈褐色。河北、陕西、山东、江苏、安徽、福建、台湾等地均有分布。

（9）亚洲小车蝗（*Oedaleus decorus asiaticus*）

雌虫体长约 35 mm，前翅长约 33 mm，雄虫较小，体长 25 mm，前翅长 18 mm。全体褐色带绿色，有深褐色斑。头、胸及翅上的黑褐斑纹很鲜艳。东北、内蒙古、华北等地均有分布。

（10）草绿蝗（*Parapleurus alliaceus*）

雌虫体长 30～35 mm，前翅长 22～30 mm，雄虫较小，体长 20～23 mm，前翅长 18～23 mm。体草绿色，有狭的黑色眼后带，触角较长。东北、内蒙古、华北等地均有分布。

（11）鼓翅皱膝蝗（*Angaracris barabensis*）

雌虫体长 29～35 mm，雄虫体长 21～31 mm，；呈灰绿色、棕绿色或灰棕色，具明显的黑斑。前胸背板下缘常呈白色或黄白色。后翅基部黄色或黄绿色，后足胫节黄色或稍呈红色，胫节刺端部黑色。黑龙江、内蒙古、河北、山西、宁夏、青海、甘肃均有分布。

（12）疣蝗（*Trilophidia annulata*）

雄成虫体长 11.7～16.2 mm，雌成虫体长 15～26 mm，体黄褐色或暗灰色，上有许多颗粒状凸起。2 复眼间有 1 粒状凸起。后足股节粗短，有 3 个暗色横斑。后足胫节有 2 个较宽的淡色环纹，全国均有分布。

（13）大垫尖翅蝗（*Epacromius coerulipes*）

雄虫体长 14.5～18.5 mm，雌虫体长 23～29 mm；前翅发达，常超过后足股节的顶端，有时到达或超过胫节的中部。后翅本色透明。后足股节上侧有 3 条暗色横纹，其顶端暗色。后足股节淡黄色，有 3 个不完整的淡色环。我国西北、内蒙古、黑龙江、山西北部等地均有分布。

4．网翅蝗科 Arcypteridae

（14）小翅雏蝗（*Chorthippus fallax*）

成虫雄性体长 9.8～15.1 mm，雌性体长 14.7～21.7 mm，雄性翅长 5.7～13.1 mm，雌性翅长 3.4～6.6 mm。体色黄褐色或绿褐色。雄性前翅短，顶端宽阔，后翅很短，呈鳞片状。青海、甘肃、新疆、内蒙古、吉林、山西、河北等地均有分布。

（15）黑翅雏蝗（*Chorthippus aethalinus*）

体中型，雄性体长 17～19 mm，雌性体长 22～26 mm。雄性前翅长 11～19 mm，雌性前翅长 16～19 mm。体暗褐色。前胸背板沿侧隆线具有宽的黑色纵带，前翅褐色，后翅黑色。东北、内蒙古、黄土高原、秦岭等地区均有分布。

（16）白膝网翅蝗（*Arcyptera fusca*）

成虫雄性体长 25～27 mm，雌性体长 30～35 mm；体黄褐色，颜面和颊部黄白色。雄性头顶、后头和前胸背板黑褐色，无白色条纹。雌性黄褐色。后翅黑色。膝部和胫节基部黑色，具黄白色膝前环。东北地区分布。

5. 斑腿蝗科 Catantopidae

（17）中华稻蝗（*Oxya chinensis*）

成虫雌体长 36～44 mm，雄体长 30～33 mm；全身绿色或黄绿色，左右两侧各有暗褐色纵纹，从复眼向后，直到前胸背板的后缘。广泛分布于我国各地。

（18）日本黄脊蝗（*Patanga japonica*）

成虫体型粗大，体长雄性 35～45 mm，雌性 47～57 mm。是黄脊蝗中的大型种类。身体呈茶褐色，和冬天的枯草颜色很相似。山东、河南、湖北、陕西、甘肃、广东、广西、四川、西藏等地均有分布。

（19）长翅幽蝗（*Podisma sapporense*）

雄虫体长 16～25 mm，雌虫体长 20～27 mm，身体由黄绿至绿色、褐绿色。前翅黄绿或绿色，后翅浅黄褐色，半透明。分布于我国北方地区。

6. 癞蝗科 Pamphagidae

（20）笨蝗（*Haplotropis brunneriana*）

大型的短翅蝗虫，通常土色，前翅短小而易于识别。体型粗壮。头较短小，前翅短小，其顶端最多略超过腹部第一节背板的后缘；后翅甚小。广泛分布于华北地区。

（二）鞘翅目 Coleoptera

7．天牛科 Cerambycidae

（21）椎天牛（*Spondylis buprestoides*）

体长 15～25 mm，完全黑色，上颚强大，雄虫较尖锐呈镰刀状，雌虫较扁阔，触角短。内蒙古、东北、河北、北京、江苏、安徽、福建、广东、云南、台湾等地均有分布。

8．象甲科 Curculionidae

（22）大灰象（*Sympiezomias velatus*）

成虫体长 7.3～12.1 mm，宽 3.2～5.2 mm。雄虫宽卵形；雌虫椭圆形。体黑色，密覆灰白色具金黄色光泽的鳞片和褐色鳞片。鞘翅卵圆形，末端尖锐，中间有 1 条白色横带。辽宁、内蒙古、北京、河北、河南、山西、陕西、湖北、安徽等地均有分布。

（23）绿鳞短吻象（*Chlorophams lineolus*）

体长 12 mm，体壁黑色，密被淡绿色或蓝绿色闪银光的鳞片；鳞片间散布白色倒状的鳞片状毛；股节端半部、胫节及跗节红色。分布于北京、河北、河南、陕西、江苏、安徽、湖北、江西、福建、广西、重庆、四川、贵州、台湾。

9．豆象科 Bruchidae

（24）绿豆象（*Callosobruchus chinensis*）

成虫体长 2～3.5 mm，宽 1.3～2 mm，卵圆形，深褐色；头密布刻点，额部具一条纵脊，雄虫触角栉齿状，雌虫锯齿状；前胸背板后端宽，两侧向前部倾斜，前端窄，着生刻点和黄褐、灰白色毛。广泛分布于我国各地。

10．芫菁科 Meloidae

（25）苹斑芫菁（*Mylabris calida*）

成虫体长 10～15 mm，宽 3.5～5.0 mm。体和足黑色，被黑毛。鞘翅淡黄到棕黄色，具黑斑。触角短，11 节。每个翅的中部有 1 条横贯全翅的黑横斑和 1 个弧圆形黑斑纹，在弧形黑斑纹的界限内包着 1 个黄色小圆斑，两侧相对，形似一对眼睛。广泛分布于我国各地。

（26）黄黑小斑蝥（*Mylabris cichorii*）

体长 10～15 mm，触角多已脱落，背部有黑色革质鞘翅 1 对，有 3 条黄色或棕黄色的横纹。我国大部分地区均有分布。

11．吉丁甲科 Buprestidae

（27）梨金缘吉丁（*Lampralimbata gebler*）

成虫体长 13～18 mm，体系绿色，具金色金属光泽。体纺锤状，密布刻点。触角黑色锯齿状。前胸背板和鞘翅两侧缘具金红色纹带，故称金缘。雌虫腹末端浑圆，雄虫则深凹。东北、华北、华东、西北及长江流域均有分布。

12．铁甲科 Hispidae

（28）山楂肋龟甲（*Alledoye vespertina*）

体长 5～7 mm。近五角形，体色较幽暗，前胸背板淡棕褐色、鞘翅具“工”形大黑斑，具凸起的网状粗纹。黑龙江、内蒙古、甘肃、河北、北京、陕西、江苏、浙江、湖北、湖南、福建、台湾、广东、广西、四川、贵州等地均有分布。

13．瓢甲科 Coccinellidae

（29）异色瓢虫（*Harmonia axyridis*）

体长 5.4～8 mm，卵圆形，呈半球形拱起，背面光滑无毛。鞘翅的色泽及斑纹变异有多个类型。头部、前胸背板及鞘翅上具均匀而浅的小刻点，在鞘翅边缘部分刻点较粗稀而深。我国广泛分布。

（30）十八星瓢虫（*Henosepilachna sparsa*）

前胸背板多具 6 个黑点，两鞘翅合缝处黑斑不相连，鞘翅基部第二列的 4 个黑斑基本在一条线上。主要分布于华北、西北、东北等地。

14. 步甲科 Carabidae

（31）大星步甲（*Calosoma maximoviczi*）

成虫体长 22～33 mm，背、腹面黑色，背面带铜色光泽，两侧缘绿色。触角长达体长的一半，鞘翅宽阔，较为平坦，肩后膨阔，有条沟 16 行。足细长。分布于辽宁、河北、山西、陕西、山东、湖北、台湾、四川、云南。

（32）直角通缘步甲（*Pteroslichus gebleri*）

体长椭圆形，黑色，无金属光泽。头大，眼半圆形，触角圆柱形。分布于东北、华北地区。

15. 金龟甲科 Scarabaeoidae

（33）双叉犀金龟（*Allomyrina dichotoma*）

体长 44～54 mm，体色红褐色至黑褐色，被茸毛。头较小，足粗壮，前足胫节外缘具 3 齿。雌雄异型。我国广泛分布。

16. 丽金龟科 Rutelinae

（34）铜绿丽金龟（*Anomala corpulenta*）

成虫体长 19～21 mm，触角黄褐色，鳃叶状。前胸背板及销翅铜绿色具闪光。东北、华北、华中、华东、西北等地均有分布。

17. 拟步甲科 Tenebrionidae

（35）喙尾琵琶甲（*Blaps rynchopetera*）

成虫体长 24 mm，卵圆形，黑色，无光泽，鞘翅基部宽等于前胸，从基部到中部逐渐放宽成圆形，使近于中部宽 2 倍于基部，越向后越显得钝圆，末端变成尖锐而短尖。分布于云南、陕西、贵州、山东、河北、江苏。

（36）弯胫粉甲（*Promethis valgiges*）

体长 26 mm；鞘翅扁平，底部有微小而稠密皱纹，不发亮。分布于华东、华中、西南等地。

18．象虫科 Curculionidae

（37）米象（*Sitophilus oryzae*）

体长 2.4～2.9 mm，体型呈卵圆形，体色呈红褐色，背部无光泽。头部很小，口吻细长，触角呈膝状。东北、华北、华东等地区均有分布。

19．葬甲科 Silphidae

（38）黑负葬甲（*Necrophorus concolor*）

体长 31.5～45 mm，大型甲虫，体狭长，体部黑色。触角 10 节，末端 4 节十分膨大。分布于黑龙江、吉林、辽宁、内蒙古、宁夏、河北、山西、湖北等地。

（三）半翅目 Hemiptera

20．蝽科 Pentatomidae

（39）弯角蝽（*Lelia decempunctata*）

成虫体长 16～22 mm，椭圆形，黄褐色，密布小黑刻点；前胸背板侧角大而尖，外突稍向上，侧角后缘有小凸起 1 个，中区有等距排成一横列的黑点 4 个。东北、华北、华东等地区均有分布。

（40）斑须蝽（*Dolycoris bauarum*）

成虫体长 8～13.5 mm，椭圆形，黄褐或紫色，触角黑白相间；喙细长，小盾片近三角形，黄白色。足黄褐色。分布于全国各地。

21．同蝽科 Acanthosomatidae

（41）泛刺同蝽（*Acanthosoma spinicolle*）

体灰黄绿色；喙末端黑，伸达后足基节；前胸背板近前缘有 1 黄褐色横带；前翅膜片浅棕色；腹部各节背板后缘具黑色带纹，侧接缘黄褐色。东北、华北、湖北、甘肃等地均有分布。

22．姬蝽科 Nabidae

（42）山高姬蝽（*Gorpis brevilineatus*）

体长 9.8～10 mm。体污黄色，着浅褐色晕斑，体毛黄色。触角第 2 节顶端、前胸背板侧角、前翅革片前缘及中央、爪片顶角及侧接缘端部均为浅褐色。东北、华中等地区均有分布。

23．椿象科 Pentatomidae

（43）蓝蝽（*Zicrona caerula*）

成虫体长 6～9 mm，椭圆形，蓝、蓝黑或紫黑色，有光泽密布触角 5 节。小盾片三角形，端部圆。足与体同色。我国除西藏、青海不详外均有分布。

（四）膜翅目 Hymenoptera

24．泥蜂科 Sphecidae

（44）柔毛沙泥蜂（*Ammophila pubescens*）

体型细长 15～17 mm，黑色，并有黄、橙色斑纹。头大，横阔。触角丝状，雌性 12 节，雄性 13 节。黑龙江、吉林、河北、四川、新疆等地均有分布。

（45）弯角盗方头泥蜂（*Lestica alata basalis*）

体长 9～12 mm，黑色，有红色和黄色斑，股节、胫节、跗节、翅基片及翅脉、腹部基部雌虫为红色，雄虫为黄色。东北、河北、新疆、江苏等地均有分布。

25．土蜂科 Scoliidae

（46）厚长腹土蜂（*Campsomeris grossa*）

体长 21～30 mm，体黑色，后头、前胸背板、中胸盾片、后胸背板等密生黄褐色长毛，胸部密布有金色光泽的细毛，足上散生浅黄褐色长毛。东北、东南等地区均有分布。

（47）金毛长腹土蜂（*Campsomeris prismatica*）

体长 20～25 mm，黑色，生有黄褐色毛，翅浅烟黄色。唇基具平滑有光泽的宽中带，边缘被毛；额平滑，前部有小刻点，具长毛；有较深的前额缝；单眼旁边部分平滑，头顶刻点小而密。东北、东南等地区均有分布。

26．蚁科 Formicidae

（48）黑蚂蚁（*Polyrhachis vicina*）

体长 5.5～10 mm，雌蚁形大，雄蚁较雌蚁略小，均有翅，口器发达，为咀嚼式口器，前胸背板甚发达，中胸背板较小。我国大部地区均有分布。

（49）日本弓背蚁（*Camponotus japonicus*）

大型工蚁体长 12 mm，中小型工蚁体长 10 mm，蚁后体长 1.7 cm 左右；头大，近三角形，上颚粗壮；前、中胸背板较平；头、并胸腹及结节具细密网状刻纹，有一定光泽；体黑色。我国大部分地区广泛分布。

27．蜾蠃科 Eumenidae

（50）陆蜾蠃（*Eumenes mediterraneus*）

体长 9～11 mm，额部呈黑色，单眼呈倒三角形排列于两复眼顶部之间，呈褐色，颊部黑色，触角支角突为黑色，鞭节全呈黑色，端部略呈棕色。分布于河北、黑龙江、吉林、山东、山西、江苏、新疆。

28．胡蜂科 Vespidae

（51）普通黄胡蜂（*Vespula vulgaris*）

腹部呈黄黑相间，不同种其身上斑点也不同。我国大部分地区广泛分布。

29．蜜蜂科 Apidae

（52）赤足木蜂（*Xylocopa rufipes*）

体长 18～21 mm；黑色；触角第 1 鞭节稍短，颊上刻点少而分散；中胸背板中部光滑闪光。分布于陕西、江苏、浙江、安徽、江西、湖北、湖南、福建、广西、四川、贵州。

（53）黄胸木蜂（*Xylocopa apperdiculayu*）

体长 24～26 mm，体被黄褐色毛。胸部及腹部第一节背板毛黄色，腹部末端后缘被黑毛，足被红褐色毛，颜面被深褐色毛，翅褐色，端部较深稍闪紫光。我国大部分地区均有分布。

（54）**东亚无垫蜂**（*Amegilla parhypate*）

体长 14 mm，体色蓝黑色，复眼灰黄绿色具黑色斑点，触角灰褐色，翅膀灰褐色透明，各脚黑褐色，胫节外侧具白色斑。分布于辽宁、山东、江苏等地。

（五）双翅目 Diptera

30．食蚜蝇科 Syrphidae

（55）**长尾管蚜蝇**（*Eristalis tenax*）

体长 14 mm 左右；头黑色，被毛，复眼毛被棕色；触角暗棕色；胸背板全黑，被黄白色毛，腹大部棕黄色。河北、浙江、湖北、福建、广东、四川、云南、西藏等地均有分布。

（56）**双色小蚜蝇**（*Paragus bicolor*）

体小粗壮，头宽于胸，复眼被毛，触角较长，前伸，腹部与胸部等宽，各节约等长。分布于我国各地。

（57）**黑股条胸蚜蝇**（*Helophilus affinis*）

颜面自触角之下后倾，具中凸，且口缘之上略凸起或明显凸起；复眼裸，雄虫两眼略分开；触角芒裸。胸部黑色，有明显黄色纵条纹。腹部黑色，有黄色横纹或斑点。足粗壮，后足股节粗，无齿或下侧有明显的刺，后足胫节弯曲。分布于我国各地。

31．丽蝇科 Calliphoridae

（58）**大头金蝇**（*Chrysomyia megacephala*）

体长 10 mm 左右。复眼鲜红，触角橘黄，芒毛黑，胸部呈金属绿色有铜色反光及蓝色光泽，翅透明，翅脉棕色，足棕或棕黑色。腹部绿蓝色，铜色光泽明显。我国广布种。

32．虻科 Tabanidae

（59）牛虻（*Tabanus bivitatus*）

体长约 19 mm，头阔、呈半球形，两侧复眼大，口器刺吸式，触角 3 节，短。胸部背板及小盾片灰色。一对前翅发达，透明膜质，翅脉棕色；后翅退化成平衡棒，黄色。我国广布种。

33．蠓科 Ceratopogouidae

（60）蠛蠓（*Lasiohelea midge*）

成虫体型细小，体长 1～4 mm，呈黑色或褐色；头部近球形，复眼一对，触角细长呈丝状，13～15 节，长于胸部，口器短，为刺吸式；胸部微隆起，翅短宽，在静止时重叠覆盖于腹部之上，后翅退化为平衡棒；足 3 对、细长。分布于我国各地。

34．胃蝇科 Gasterophilidae

（61）马蝇（*Horse flies*）

成虫比一般的蝇大，头大，身体表面生有细毛，像蜜蜂。口器退化，不摄取食物，主要靠吸食哺乳动物的血液为生。多生活在野外，分布于森林。

35．蚊科 Culicidae

（62）三带喙库蚊（*Culex tritaeniorhynchus*）

中小型蚊，翅长 2.4～3.1 mm。喙色暗，中部前端有淡色环，触须短，色暗，胸侧板淡棕。分布于我国各地。

36．蝇科 Muscidae

（63）苍蝇（*Muscina stabulans*）

体型小型到中型，触角短，仅 3 节，末节末端有节鞭或末节背面有一根羽状刚毛，复眼 2 只，单眼 3 只。口器为舔吸式。前翅膜质，用来飞翔。后翅退化为平衡棒，隐于前翅基部的翅瓣下。世界分布种。

（六）鳞翅目 Lepidoptera

37．蛱蝶科 Nymphalidae

（64）断眉线蛱蝶（*Limenitis doerriesi*）

前翅中室有一纵长白色内眉状斑，第 3 室中域白斑较第 2 室中域白斑明显小。后翅中横带到达翅后缘近臀角处，外缘“S”形弯曲，只第一斑稍宽，向内缘微突出；亚缘带与翅外缘平行。云南、河南、黑龙江等地均有分布。

（65）灿福蛱蝶（*Fabriciana adippe*）

又名凸纹豹蛱蝶，翅面橙黄色，有黑色斑纹，雄蝶前翅中室有 4 条弯曲的条纹，亚缘区有一列黑色圆斑，共 6 个；后翅中室有 2 条黑色斑纹，雌蝶翅面色淡，前翅顶角处有银斑。翅展 65～70 mm。黑龙江、吉林、青海、宁夏、陕西、河南、山东、江苏、湖北、江西、四川、贵州、云南、西藏等地均有分布。

（66）柳紫闪蛱蝶（*Apatura ilia*）

成虫翅展 59～64 mm。翅黑褐色，翅膀在阳光下能闪烁出强烈的紫光。后翅中央有 1 条白色横带，反面白色带上端很宽，下端尖削成楔形带。飞行迅速。分布于东北、西北、河北、河南、山西、山东、江苏、浙江、江西、福建、四川、贵州、云南等地。

（67）白钩蛱蝶（*Gonepteryx rhamni*）

有春型和秋型的区别，使色彩和外形有较大的差异。春型翅黄褐色，秋型带红色，反面秋型黑褐色。双翅外缘的角突顶端春型稍尖，秋型浑圆。但后翅反面均有“L”形银色纹，秋型尤为醒目。分布于我国各地。

（68）单环蛱蝶（*Neptis rivularis*）

翅展 45～52 mm；翅面黑色，有白色斑纹；雄蝶前翅中室白色长条纹分成 5 段，中室端下方有 2 个大白斑；后翅中部有 1 条横带纹，翅反面栗褐色。分布于河北、内蒙古、青海、陕西、台湾、北京等地。

（69）青豹蛱蝶（*Damora sagana*）

雌雄异形；雄蝶翅橙黄色，近三角形橙色无斑区；雌蝶翅青黑色，后翅沿外缘有 1 列三角形白斑，中部有 1 条白宽带。雄蝶前翅反面淡黄色，雌蝶前翅反面顶角绿褐色，斑纹与正面近同。分布于黑龙江、吉林、陕西、河南、浙江、福建、广西等地。

（70）**荨麻蛱蝶**（*Aglais urticae*）

翅展 45～50 mm。翅面黄褐或红褐色，斑纹黑或黑褐色，前翅外缘齿状，翅端呈镰形，外缘有一黑褐色宽带，顶角内侧有一白斑，翅反面黑褐色，翅中部有一个浅色宽带。世界分布种。

（71）**红线蛱蝶**（*Limenitis populi*）

体翅黑褐色，斑纹白色。翅反面红褐色，前翅中室基部有一个三角形青蓝色斑，后缘上方区域多黑色。分布于北京、河北、河南、青海、甘肃等地。

（72）**新月带蛱蝶**（*Athyma selenophora*）

雌雄异形。前翅中横列前面几个白斑及外横列所有斑纹均为新月形；后翅正面呈现亚外缘带。雄蝶前翅只见亚顶角处 2 个新月斑。分布于我国南方各省。

（73）**双色带蛱蝶**（*Athyma cama*）

成虫体型中型，复眼裸出；下唇须粗壮。触角较长，端部锤状或单环蛱蝶棍棒状明显。前翅径脉 5 条，臀脉 1 条；后翅臀脉 2 条，具肩脉。翅面颜色十分丰富。中室通常前翅为闭室，后翅为开室。两性前足退化，无作用，跗节无爪。分布于我国各地。

（74）**白矩朱蛱蝶**（*Nymphalisvau ablum*）

翅展 50～70 mm。体黑色，翅红黄褐色，外缘锯齿状，有黄斑和黑斑。分布于新疆、吉林、山西、云南、陕西。

（75）**小豹蛱蝶**（*Brenthis daphne*）

翅展 45～60 mm。成虫体肢和翅满被鳞片和毛，故 2 对翅为鳞翅，且前翅大于后翅；翅面较浅的橙黄色，有黑色斑纹；后翅反面有 2 条明显的淡紫色横带纹。分布于河北、河南、陕西、北京等地。

38．灰蝶科 Lycaenidae

（76）**蓝灰蝶**（*Everes argiades*）

雄蝶翅青紫色，前翅外缘、后翅前缘与外缘褐色；雌蝶翅暗褐色，低温期前翅基后部与后翅外部会出现青紫色。翅反面灰白色，黑斑纹退化。黑龙江、河北、河南、山东、西藏、四川、云南、浙江、台湾等地均有分布。

（77）**蓝燕灰蝶**（*Rapala caerulea*）

翅面黑褐色，前翅中室外端有一大型橙红色斑。个体间斑纹变化很大；后翅由前缘近半处向臀角有一褐色带，在臀角呈“W”形。河北、东北、台湾、北京等地均有分布。

39．粉蝶科 Pieridae

（78）**尖钩粉蝶**（*Gonepteryx mahaguru*）

雄蝶前翅浓黄色，顶角凸出成钩状；翅中室端部各有一橙黄色斑点；雌蝶的翅面颜色较雄蝶淡。翅展 58～63 mm。东北、河北、浙江、四川、北京等地均有分布。

（79）**绢粉蝶**（*Aporia crataegi*）

翅正反面均为白色，脉纹黑色。后翅反面的中域常散布一层淡灰色鳞毛。翅展 63～73 mm。青海、湖南、东北、河北、宁夏、北京、陕西等地均有分布。

（80）**云粉蝶**（*Pontia daplidice*）

翅面白色，前翅中室有一黑斑，顶角后翅外缘由几个黑斑组成花纹，翅背斑纹呈墨绿色；雌蝶前翅后缘和后翅外缘的斑点比雄蝶的大而且色深。翅展 35～55 mm。广泛分布于我国各地。

（81）**镏金豆粉蝶**（*Colias chrysotheme*）

翅金黄色。翅反面草黄色，斑纹不明显。后翅正面大部分及外缘黑色，翅反面绿褐色，雄蝶前翅外缘带内无黄斑，脉纹黄色。新疆、黑龙江均有分布。

（82）**橙黄豆粉蝶**（*Colias fieldii*）

成虫体长约 19 mm，翅展 43～58 mm，雌雄异形。与斑缘豆粉蝶近似，但翅为橙黄色，前、后翅外缘具较宽的黑色带，雌蝶带中具橙黄色斑，雄蝶无且边缘整齐；幼虫体绿色，密生黑色短毛。甘肃、青海、陕西、山东、山西、内蒙古、河南、湖北、四川、广西、云南等地有分布。

（83）**东方菜粉蝶**（*Pieris canidia*）

成虫翅展 45～60 mm。体躯细长，背面黑色，头部和胸部被白色绒毛；腹面白色。翅正面白色；翅反面白色或乳白色，雌蝶斑纹较明显，反面基部的黑鳞区较雄蝶宽。分布在我国各省份。

（84）**尖角黄粉蝶**（*Eurema laeta*）

体型较小，翅展 40～50 mm，一般生活于草地，灌木丛。主要分布于我国南方地区。

（85）**斑缘豆粉蝶**（*Colias erate*）

翅展 45～55 mm。翅黄色，前翅外缘有宽阔的黑色横带，中室端有 1 枚黑色的小圆斑。后翅外缘的黑色纹多相连成列，中室端的圆斑点在正面为橙黄色，反面则呈银白色，外围褐色框。分布在我国广大地区。

（86）**灰姑娘绢粉蝶**（*Aporia intercostata*）

翅面基部淡黑色，端半部色稍浓，翅脉深黑色，前翅中室有 3 条、后翅中室有 2 条基部连接的黑色细纹，缘室各有 1 条黑色细纹。分布于河南、陕西、甘肃。

（87）**小檗绢粉蝶**（*Aporia hippia*）

成虫翅展 55～65 mm，后翅里暗赭色，有一黄色基斑。两翅的翅脉和前翅中室端横脉附近有较宽的黑色条纹，外缘黑色，向内呈深锯齿状。我国大部分地区均有分布。

40．眼蝶科 Satyridae

（88）**蛇眼蝶**（*Minois dryas*）

成虫翅展 55～65 mm。体翅黑褐色。前翅基部一条脉明显膨大，前翅 2 枚眼纹明显较正面大，具棕黄圈；后翅由前缘中部至臀角处有 1 条不太清晰的弧形白带。雌性个体眼纹明显较雄性大，色略淡。前翅顶角、外缘具白色鳞片。黑龙江、山东、河北、山西、陕西、新疆、河南、浙江、江西、福建等地均有分布。

（89）**牧女珍眼蝶**（*Coenonympha amaryllis*）

成虫翅展 38～40 mm。翅面土黄色，前翅基部 3 条脉明显膨大；翅背色淡，前翅亚缘区有一列黑色眼纹，后翅亚缘区一列 6 个黄圈黑眼纹；前后翅亚前缘线银白色，波状，内侧有橙色条纹。东北、北京、山东、河北、河南、浙江、宁夏、陕西、甘肃、青海、新疆等地均有分布。

（90）**斗毛眼蝶**（*Lasiommata deidamia*）

翅展 52～55 mm，翅面黑色，前翅基部明显膨大；翅背色淡，后翅亚缘区有 6 个黑色眼纹，具黄褐圈，瞳点白色。成虫飞行能力强。主要分布于北京、黑龙江、吉林、辽宁、河北、河南、山东等地。

（91）矍眼蝶（*Ypthima motschulskyi*）

翅展 33～45 mm。体茶褐色，腹面色灰；翅茶褐色，前翅亚端部下方有黑底蓝色双心黄圈大眼斑 1 个，后翅蓝心黑底黄圈眼斑 2 个位于第 2 室和第 3 室。翅反面灰褐细纹相间，前翅反面眼斑如正面；后翅反面眼斑 6 个。分布于东北、山西、河南、湖南、湖北、浙江、江西、福建、四川、贵州、广东、广西、海南。

（92）华北白眼蝶（*Melanargia epimede*）

翅面黑色不占翅的 1/2，中室 3/4 白色、无横线，基部及中室下非黑色，黑色斑发达。前翅前缘基半部黑色端区有斜带，后翅无基横带，后翅反面中室端上方有 1 个不规则黑斑，下方无细横线。重庆、内蒙古等地有分布。

（93）阿芬眼蝶（*Aphantopus hyperanthus*）

翅展 40～50 mm，翅褐色；反面眼斑比正面清楚；前翅 3 个眼斑；后翅 5 个眼斑，前两个眼斑位于中线处，后 3 个位于亚外缘处，中线内侧色较深；雄蝶比雌蝶色深。分布于北京、东北、河南。

（94）蛇神黛眼蝶（*Lethe satyrina*）

翅茶褐色。前翅前缘拱凸，外缘浑圆。后翅外缘波状，臀角处隐见眼斑 1 枚。翅反面黄褐色，其线比翅色浅，紫白色；前翅近顶角处有 2 个叠连的眼斑，后翅亚缘有 6 个眼斑列，第一个眼斑特别大。我国分布于陕西、河南、江西、湖北、浙江、上海、贵州、四川。

（95）玄裳眼蝶（*Satyrus ferula*）

雌雄异型，雄性正面是统一的黑棕色，雌性是带花纹的浅棕色或者黄褐色，比较警觉，活动于草原和草甸地带。在我国可见于东北、华北、西北地区。

41．凤蝶科 Papilionidae

（96）金凤蝶（*Papilio machaon*）

成虫翅展 90～120 mm。体黑色或黑褐色，胸背有 2 条八字形黑带。翅黑褐色至黑色，斑纹黄色或黄白色。前翅基部的 1/3 有黄色鳞片；外缘区有月牙形斑；外缘波状，尾突长短不一。翅反面基本被黄色斑占据，蓝色斑比正面清楚。分布于我国各地。

（97）**柑橘凤蝶**（*Papilio xuthus*）

翅展 90～110 mm。体侧有灰白色或黄白色毛。体、翅的颜色随季节不同而变化：春型色淡呈黑褐色，夏型色深呈黑色。春型较夏型体型稍小，颜色较深。翅上的花纹呈黄绿色或黄白色，翅反面色稍淡，前、后翅亚外区斑纹明显，其余与正面相似。分布于我国各地。

42．绢蝶科 Parnassiidae

（98）**红珠绢蝶**（*Parnassius bremeri*）

翅白色，半透明。前翅翅基及前缘布有一层黑色鳞片。中室中部及横脉处各有一黑色斑。后翅外缘有淡黑色断续带纹。分布于甘肃、青海、山西、河北、北京、辽宁、吉林、内蒙古。

（七）脉翅目 Neuroptera

43．蚁蛉科 Myrmeleontidae

（99）**条斑次蚁蛉**（*Deutoleon lineatus*）

雄成虫体长 30～36 mm，后翅长 35～42 mm。前胸背板梯形黄色，具稀疏黑色刚毛。中央为一条宽大黑色纵纹，纵纹中央又有一条很细的黄色条纹。雄虫后翅无中脉亚端斑与肘脉合斑，雌虫后翅具条状中脉亚端斑。我国北部、新疆、广东等地均有分布。

44．蝶角蛉科 Ascalaphidae

（100）**黄花蝶角蛉**（*Ascalaphus sibiricus*）

成虫体长 17～25 mm，前翅长 18～28 mm，后翅长 16～26 mm；体黑色多毛。头部黑色密生长毛，头顶及额中央的毛为灰黄色。触角较前翅略短，黑色，端部膨大成球，球甚扁，节间有淡色环。胸部黑色。翅长三角形。陕西、内蒙古、山西、河北、东北均有分布。

（八）蜻蜓目 Odonata

45．丝蟌科 Lestidae

（101）三叶黄丝蟌（*Sympecma annulata*）

成虫腹长 27～31 mm，后翅长 21～24 mm，体淡棕色，翅痣棕色呈狭长四棱形，雌雄色泽相近。吉林、山西、内蒙古均有分布。

46．春蜓科 Gomphidae

（102）暗色蛇纹春蜓（*Ophiogomphus obscurus*）

成虫腹长 41～43 mm，后翅长 32～36 mm，雄虫复眼黄绿色，腹部黑色，雌虫腹部斑纹与雄虫相似，胸部颜色偏草绿色。黑龙江、内蒙古、吉林均有分布。

47．蜻科 Libellulidae

（103）异色灰蜻（*Orthetrum melania*）

体长 50 mm，翅展 80 mm。雄虫胸部深褐色，具灰色粉末，呈现灰色；翅末端具淡褐色斑，翅基具深褐色斑，后翅翅基的色斑大，呈三角形；足黑色，具刺；腹部灰色，8 至 9 节黑色。雌虫黄色。分布于江苏、河北、浙江、广西、四川、云南、北京。

（104）黄蜻（*Pantala flavescens*）

成虫腹长 31～34 mm，后翅长 40～42 mm，雌虫复眼上部显红褐色，下部显青白色，腹部黄色具黑色斑纹。全国广布。

（九）竹节虫目 Phasmida

48．竹节虫科 Phasmatidae

（105）辽宁皮竹节（*Hhraortes liaoningensis*）

雌雄异型，雄性体长 58 mm，雌性体长 84 mm，较雄虫粗，黄绿色。辽宁、山东、内蒙古、山西、河北、河南、江苏、浙江、江西等地均有分布。

二、内蒙古额尔古纳国家湿地公园昆虫物种组成分析

由表 4-1 可知，已知昆虫物种种类中，鳞翅目（Lepidoptera）为优势类群，共 6 科 26 属 35 种[1, 2]，科、属、种数量分别占科、属、种总数量的 12.5%、29.89% 和 33.33%；其次是直翅目（Orthoptera），6 科 16 属 20 种[3]，科、属、种数量分别占科、属、种总数量的 12.5%、18.39%和 19.05%；再次为鞘翅目（Coleoptera），13 科 16 属 18 种[4, 5]，分别占科、属、种总数量的 27.08%、18.39%和 17.14%；这基本上与鳞翅目、直翅目、鞘翅目昆虫在我国的分布情况乃至全世界的分布情况相符。

表 4-1　内蒙古额尔古纳国家湿地公园昆虫物种组成

目名	科数/个	比例/%	属数/个	比例/%	种数/个	比例/%
直翅目 Orthoptera	6	12.50	16	18.39	20	19.05
鞘翅目 Coleoptera	13	27.08	16	18.39	18	17.14
半翅目 Hemiptera	4	8.33	5	5.75	5	4.76
膜翅目 Hymenoptera	6	12.50	9	10.34	11	10.48
双翅目 Diptera	7	14.58	8	9.20	9	8.57
鳞翅目 Lepidoptera	6	12.50	26	29.89	35	33.33
脉翅目 Neuroptera	2	4.17	2	2.30	2	1.90
蜻蜓目 Odonata	3	6.25	4	4.60	4	3.81
竹节虫目 Phasmida	1	2.08	1	1.15	1	0.95
合计	48	100	87	100	105	100

膜翅目（Hymenoptera）共 6 科 9 属 11 种，分别占科、属、种总数量的 12.5%、10.34%和 10.48%；双翅目（Diptera）共 7 科 8 属 9 种，分别占科、属、种总数量的 14.58%、9.2%和 8.57%。膜翅目为昆虫纲第三大目、双翅目为第四大目，本次采集到的昆虫标本从属、种数上均比直翅目要少，应该是由于膜翅目、双翅目昆虫体型

较小不易被发现、捕捉。

半翅目（Hemiptera）4 科 5 属 5 种，分别占科、属、种总数量的 8.33%、5.75% 和 4.76%；蜻蜓目（Odonata）为 3 科 4 属 4 种，分别占科、属、种总数量的 6.25%、4.6%和 3.81%；脉翅目（Neuroptera）2 科 2 属 2 种，分别占科、属、种总数量的 4.17%、2.3%和 1.9%；竹节虫目（Phasmida）1 科 1 属 1 种，分别占科、属、种总数量的 2.08%、1.15%和 0.95%。半翅目、蜻蜓目、脉翅目、竹节虫目 4 个目昆虫虽然基本上为世界分布型昆虫，但是分布区以热带地区居多，而额尔古纳地区从气候学上应属于温带且靠近亚寒带区域，所以半翅目、蜻蜓目、脉翅目、竹节虫目 4 个目昆虫不管是科、属、种数均比较少[6]。

三、内蒙古额尔古纳国家湿地公园昆虫区系特征

（一）我国动物地理概况

从动物地理分区来看，我国动物区系分属于世界动物地理分区的古北界与东洋界。

古北、东洋两界在我国境内的分界线西起横断山脉北部，经过川北岷山与陕南的秦岭，向东至淮河南岸，直抵长江口以北。我国东部地区地势平坦，缺乏自然屏障，故有一个广阔的过渡地带。

我国动物区系根据陆栖动物的分布情况，可以分为东北亚界、中亚亚界、中印亚界 3 个亚界。3 个亚界又可以分为东北区、华北区、蒙新区、青藏区、西南区、华中区及华南区 7 个区，其中前 4 个区属于古北界，后 3 个区属于东洋界。7 个区又划分为 19 个亚区（表 4-2）。

表 4-2 我国动物地理区划

界	亚界	区	亚区	自然区划
古北界	东北亚界	东北区	大兴安岭亚区	针叶林地带
			长白山亚区	针叶与落叶阔叶混交林地带
			松辽平原亚区	森林草原、草甸草原地带

<table>
<tr><th>界</th><th>亚界</th><th>区</th><th>亚区</th><th>自然区划</th></tr>
<tr><td rowspan="7">古北界</td><td rowspan="2">东北亚界</td><td rowspan="2">华北区</td><td>黄淮平原亚区</td><td rowspan="2">落叶阔叶林与森林草原地带</td></tr>
<tr><td>黄土高原亚区</td></tr>
<tr><td rowspan="5">中亚亚界</td><td rowspan="3">蒙新区</td><td>东部草原亚区</td><td>干草原地带</td></tr>
<tr><td>西部荒漠亚</td><td>荒漠与半荒漠地带</td></tr>
<tr><td>天山山地亚区</td><td>山地森林、森林草原地带</td></tr>
<tr><td rowspan="2">青藏区</td><td>羌塘高原亚区</td><td>草甸草原、草甸与高寒荒漠地带</td></tr>
<tr><td>青海藏南亚区</td><td>森林、草甸与草甸草原地带</td></tr>
<tr><td rowspan="9">东洋界</td><td rowspan="9">中印亚界</td><td rowspan="2">西南区</td><td>西南山地亚区</td><td rowspan="2">山地草甸与山地森林地带</td></tr>
<tr><td>喜马拉雅亚区</td></tr>
<tr><td rowspan="2">华中区</td><td>东部丘陵平原亚区</td><td rowspan="2">东部落叶阔叶、常绿阔叶混交林及常绿阔叶林地带</td></tr>
<tr><td>西部山地高原亚区</td></tr>
<tr><td rowspan="5">华南区</td><td>闽广沿海亚区</td><td>南亚热带常绿阔叶林及东部热带季雨林地带</td></tr>
<tr><td>滇南山地亚区</td><td>西部热带季雨林地带</td></tr>
<tr><td>海南岛亚区</td><td>热带季雨林地带</td></tr>
<tr><td>台湾亚区</td><td>热带雨林及山地南、中亚热带常绿阔叶林地带</td></tr>
<tr><td>南海诸岛亚区</td><td>海洋性热带岛屿森林地带</td></tr>
</table>

（二）内蒙古额尔古纳国家湿地公园昆虫区系成分

以 9 目 48 科 87 属 105 种有效种昆虫作为样本，对其区系成分构成及分布特征进行了分析。结果如表 4-3 所示。

表 4-3 内蒙古额尔古纳国家湿地公园昆虫区系

区系地理成分	古北界 A				东洋界 B		
	中亚亚界 I		东北亚界 II		中印亚界 III		
目、科、种名	蒙新区 1	青藏区 2	东北区 3	华北区 4	华南区 5	华中区 6	西南区 7
一、直翅目 Orthoptera							
1. 螽斯科 Tettigoniidae							
暗褐蝈螽 *Gampsocleis sedakovii obscura*	+	+	+	+	+	+	+
中华寰螽 *Altanticus sinensis*	+	+	—	+	—	—	—
优雅蝈螽 *Gampsocleis gratiosa*	+	+	+	+	+	+	+
2. 硕螽科 Bradyporidae							
笨棘颈螽 *Deracantha onos*	+	—	+	+	—	—	—
3. 斑翅蝗科 Oedipodidae							
黄胫异痂蝗 *Bryodema holdereri holdereri*	+	+	+	—	—	—	—
轮纹异痂蝗 *Bryodemella tuberculatum*	+	+	+	+	—	—	—
蒙古束颈蝗 *Sphingonotus mongolicus*	+	—	+	+	—	—	—
黄胫小车蝗 *Oedaleus infernalis*	+	+	+	+	—	—	—
亚洲小车蝗 *Oedaleus decorus asiaticus*	+	+	—	+	—	—	—
草绿蝗 *Parapleurus alliaceus*	+	—	+	+	—	+	—
鼓翅皱膝蝗 *Angaracris barabensis*	+	+	+	+	—	—	—
疣蝗 *Trilophidia annulata*	+	+	+	+	+	+	+
大垫尖翅蝗 *Epacromius coerulipes*	+	+	+	+	—	—	—
4. 网翅蝗科 Arcypteridae							
小翅雏蝗 *Chorthippus fallax*	+	+	—	+	—	—	—
黑翅雏蝗 *Chorthippus aethalinus*	+	—	+	+	—	—	—
白膝网翅蝗 *Arcyptera fusca*	+	+	+	+	—	+	—
5. 斑腿蝗科 Catantopidae							
中华稻蝗 *Oxya chinensis*	+	—	+	+	+	—	—

区系地理成分 目、科、种名	古北界 A				东洋界 B		
	中亚亚界 I		东北亚界 II		中印亚界 III		
	蒙新区 1	青藏区 2	东北区 3	华北区 4	华南区 5	华中区 6	西南区 7
日本黄脊蝗 *Patanga japonica*	+	—	—	+	—	+	+
长翅幽蝗 *Podisma sapporense*	+	+	+	+	—	—	—
6. 癞蝗科 Pamphagidae							
笨蝗 *Haplotropis brunneriana*	+	—	+	+	—	—	—
二、鞘翅目 Coleoptera							
7. 天牛科 Cerambycidae							
椎天牛 *Spondylis buprestoides*	+	+	+	+	+	+	+
8. 象甲科 Curculionidae							
大灰象 *Sympiezomias velatus*	+	—	+	+	—	+	+
绿鳞短吻象 *Chlorophams lineolus*	—	—	+	+	+	+	+
9. 豆象科 Bruchidae							
绿豆象 *Callosobruchus chinensis*	+	+	+	+	+	+	+
10. 芫菁科 Meloidae							
苹斑芫菁 *Mylabris calida*	+	—	—	+	+	+	+
黄黑小斑蝥 *Mylabris cichorii*	+	+	+	+	+	+	+
11. 吉丁甲科 Buprestidae							
梨金缘吉丁 *Lampralimbata gebler*	+	+	+	+	+	+	—
12. 铁甲科 Hispidae							
山楂肋龟甲 *Alledoye vespertina*	+	+	+	+	+	+	+
13. 瓢甲科 Coccinellidae							
异色瓢虫 *Harmonia axyridis*	+	+	+	+	+	+	+
十八星瓢虫 *Henosepilachna sparsa*	+	—	+	+	—	+	—
14. 步甲科 Carabidae							
大星步甲 *Calosoma maximoviczi*	—	—	+	+	+	+	+
直角通缘步甲 *Pteroslichus gebleri*	+	—	+	+	—	+	—

区系地理成分 目、科、种名	古北界 A				东洋界 B		
	中亚亚界 I		东北亚界 II		中印亚界 III		
	蒙新区 1	青藏区 2	东北区 3	华北区 4	华南区 5	华中区 6	西南区 7
15. 金龟甲科 Scarabaeoidae							
双叉犀金龟 *Allomyrina dichotoma*	+	+	+	+	+	+	+
16. 丽金龟科 Rutelinae							
铜绿丽金龟 *Anomala corpulenta*	—	—	+	+	+	+	+
17. 拟步甲科 Tenebrionidae							
喙尾琵琶甲 *Blaps rynchopetera*	—	—	+	+	+	+	+
弯胫粉甲 *Promethis valgiges*	—	—	—	+	—	+	+
18. 象虫科 Curculionidae							
米象 *Sitophilus oryzae*	+	—	+	+	+	+	+
19. 葬甲科 Silphidae							
黑负葬甲 *Necrophorus concolor*	+	—	+	+	—	+	—
三、半翅目 Hemiptera							
20. 蝽科 Pentatomidae							
弯角蝽 *Lelia decempunctata*	+	—	+	+	—	+	—
斑须蝽 *Dolycoris bauarum*	+	+	+	+	+	+	+
21. 同蝽科 Acanthosomatidae							
泛刺同蝽 *Acanthosoma spinicolle*	+	—	+	+	—	+	—
22. 姬蝽科 Nabidae							
山高姬蝽 *Gorpis brevilineatus*	—	—	—	+	—	+	+
23. 椿象科 Pentatomidae							
蓝蝽 *Zicrona caerula*	+	—	+	+	+	+	+
四、膜翅目 Hymenoptera							
24. 泥蜂科 Sphecidae							
柔毛沙泥蜂 *Ammophila pubescens*	+	+	+	—	—	—	—

区系地理成分 / 目、科、种名	古北界 A				东洋界 B		
	中亚亚界Ⅰ		东北亚界Ⅱ		中印亚界Ⅲ		
	蒙新区 1	青藏区 2	东北区 3	华北区 4	华南区 5	华中区 6	西南区 7
弯角盗方头泥蜂 *Lestica alata basalis*	+	+	+	—	—	—	—
25. 土蜂科 Scoliidae							
厚长腹土蜂 *Campsomeris grossa*	—	—	+	—	+	—	—
金毛长腹土蜂 *Campsomeris prismatica*	—	—	+	—	+	—	—
26. 蚁科 Formicidae							
黑蚂蚁 *Polyrhachis vicina*	+	+	+	+	+	+	+
日本弓背蚁 *Camponotus japonicus*	+	+	+	+	+	+	+
27. 蜾蠃科 Eumenidae							
陆蜾蠃 *Eumenes mediterraneus*	+	—	+	+	—	+	—
28. 胡蜂科 Vespidae							
普通黄胡蜂 *Vespula vulgaris*	+	+	+	+	+	+	+
29. 蜜蜂科 Apidae							
赤足木蜂 *Xylocopa rufipes*	+	—	—	+	+	+	+
黄胸木蜂 *Xylocopa apperdiculayu*	+	+	+	+	+	+	+
东亚无垫蜂 *Amegilla parhy pate*	—	—	+	+	—	+	—
五、双翅目 Diptera							
30. 蚜蝇科 Syrphidae							
长尾管蚜蝇 *Eristalis tenax*	+	—	—	+	+	+	+
双色小蚜蝇 *Paragus bicolor*	+	+	+	+	+	+	+
黑股条胸蚜蝇 *Helophilus affinis*	+	+	+	+	+	+	+
31. 丽蝇科 Calliphoridae							
大头金蝇 *Chrysomyia megacephala*	+	+	+	+	+	+	+
32. 虻科 Tabanidae							
牛虻 *Tabanus bivitatus*	+	+	+	+	+	+	+

区系地理成分 目、科、种名	古北界 A				东洋界 B		
	中亚亚界Ⅰ		东北亚界Ⅱ		中印亚界Ⅲ		
	蒙新区 1	青藏区 2	东北区 3	华北区 4	华南区 5	华中区 6	西南区 7
33. 蠓科 Ceratopogouidae							
蠛蠓 *Lasiohelea midge*	+	+	+	+	+	+	+
34. 胃蝇科 Gasterophilidae							
马蝇 *Horse flies*	—	—	—	+	+	+	+
35. 蚊科 Culicidae							
三带喙库蚊 *Culex tritaeniorhynchus*	+	+	+	+	+	+	+
36. 蝇科 Muscidae							
苍蝇 *Muscina stabulans*	+	+	+	+	+	+	+
六、鳞翅目 Lepidoptera							
37. 蛱蝶科 Nymphalidae							
断眉线蛱蝶 *Limenitis doerriesi*	+	—	+	+	+	—	—
灿福豹蛱蝶 *Fabriciana adippe*	+	+	+	+	—	+	+
柳紫闪蛱蝶 *Apatura ilia*	+	+	+	+	—	+	+
白钩蛱蝶 *Gonepteryx rhamni*	+	+	+	+	+	+	+
单环蛱蝶 *Neptis rivularis*	+	—	—	+	—	—	—
青豹蛱蝶 *Damora sagana*	+	—	+	+	—	+	—
荨麻蛱蝶 *Aglais urticae*	+	+	+	+	+	+	+
红线蛱蝶 *Limenitis populi*	+	—	—	+	—	—	—
新月带蛱蝶 *Athyma selenophora*	—	—	—	+	+	+	+
双色带蛱蝶 *Athyma cama*	+	+	+	+	+	+	+
白矩朱蛱蝶 *Nymphalisvau ablum*	+	—	+	+	—	—	—
小豹蛱蝶 *Brenthis daphne*	+	—	—	+	—	—	—
38. 灰蝶科 Lycaenidae							
蓝灰蝶 *Everes argiades*	—	—	+	+	—	+	—

区系地理成分 目、科、种名	古北界 A				东洋界 B		
	中亚亚界 I		东北亚界 II		中印亚界 III		
	蒙新区 1	青藏区 2	东北区 3	华北区 4	华南区 5	华中区 6	西南区 7
蓝燕灰蝶 *Rapala caerulea*	—	—	+	+	+	—	—
39. 粉蝶科 Pieridae							
尖钩粉蝶 *Gonepteryx mahaguru*	—	—	+	+	—	+	—
绢粉蝶 *Aporia crataegi*	+	—	+	+	—	—	—
云粉蝶 *Pontia daplidice*	+	+	+	+	+	+	+
镏金豆粉蝶 *Colias chrysotheme*	+	—	+	—	—	—	—
橙黄豆粉蝶 *Colias fieldii*	+	—	—	+	+	+	+
东方菜粉蝶 *Pieris canidia*	+	+	+	+	+	+	+
尖角黄粉蝶 *Eurema laeta*	—	—	—	+	+	+	+
斑缘豆粉蝶 *Colias erate*	+	+	+	+	+	+	+
灰姑娘绢粉蝶 *Aporia intercostata*	+	—	—	+	—	—	—
小檗绢粉蝶 *Aporia hippia*	+	+	+	+	+	+	+
40. 眼蝶科 Satyridae							
蛇眼蝶 *Minois dryas*	+	—	+	+	—	+	—
牧女珍眼蝶 *Coenonympha amaryllis*	+	+	+	+	—	—	—
斗毛眼蝶 *Lasiommata deidamia*	—	—	+	+	+	—	—
矍眼蝶 *Ypthima motschulskyi*	—	—	+	+	+	+	+
华北白眼蝶 *Melanargia epimede*	—	—	+	+	—	+	—
阿芬眼蝶 *Aphantopus hyperanthus*	—	—	+	+	—	+	—
蛇神黛眼蝶 *Lethe satyrina*	+	—	—	+	+	+	+
玄裳眼蝶 *Satyrus ferula*	+	+	+	+	+	+	+
41. 凤蝶科 Papilionidae							
金凤蝶 *Papilio machaon*	+	+	+	+	+	+	+
柑橘凤蝶 *Papilio xuthus*	+	+	+	+	+	+	+

区系地理成分 目、科、种名	古北界 A				东洋界 B		
	中亚亚界 I		东北亚界 II		中印亚界 III		
	蒙新区 1	青藏区 2	东北区 3	华北区 4	华南区 5	华中区 6	西南区 7
42. 绢蝶科 Parnassiidae							
红珠绢蝶 *Parnassius bremeri*	+	—	+	+	—	—	—
七、脉翅目 Neuroptera							
43. 蚁蛉科 Myrmeleontidae							
条斑次蚁蛉 *Deutoleon lineatus*	+	—	+	+	—	—	—
44. 蝶角蛉科 Ascalaphidae							
黄花蝶角蛉 *Ascalaphus sibiricus*	+	—	+	+	—	—	—
八、蜻蜓目 Odonata							
45. 丝蟌科 Lestidae							
三叶黄丝蟌 *Sympecma annulata*	+	—	+	+	—	—	—
46. 春蜓科 Gomphidae							
暗色蛇纹春蜓 *Ophiogomphus obscurus*	+	—	+	—	—	—	—
47. 蜻科 Libellulidae							
异色灰蜻 *Orthetrum melania*	—	—	—	+	+	+	+
黄蜻 *pantala flavescens*	+	+	+	+	+	+	+
九、竹节虫目 Phasmida							
48. 竹节虫科 Phasmatidae							
辽宁皮竹节虫 *Hhraortes liaoningensis*	+	—	+	+	—	+	—

注：“+”为有分布，“—”为无分布。

（三）内蒙古额尔古纳国家湿地公园昆虫在世界动物地理区划中的归属

以跨区分布的“古北界+东洋界”区系型 77 种占绝对优势，占总种数的 73.33%；

其余 28 种为古北界分布型，占比为 26.67%。这与内蒙古额尔古纳国家湿地公园所处地理位置为古北界但靠近东洋界的情况相符（表 4-3）。

（四）在中国动物地理区划中的归属

如表 4-4 所示，“蒙新区＋青藏区＋东北区＋华北区＋华南区＋华中区＋西南区”广布型比例最高，种数有 32 种，占总种数的 30.48%，说明在内蒙古额尔古纳国家湿地公园中广布型昆虫种类占主体；“蒙新区＋东北区＋华北区”“蒙新区＋东北区＋华北区＋华中区”两类跨区分布型次之，各有 10 种，各占总种数的 9.52%；“蒙新区＋青藏区＋东北区＋华北区”跨区分布型第三，有 6 种，占总种数的 5.71%。以上 3 种跨区分布型的昆虫种类数量反映了内蒙古额尔古纳国家湿地公园的地理位置隶属于蒙新区，靠近东北区和华北区。“华北区＋东北区＋华中区”“东北区＋华北区＋华南区＋华中区＋西南区”“蒙新区＋华北区＋华南区＋华中区＋西南区”3 个跨区分布型各有 5 种，各占总种数的 4.76%，说明华中区常见的昆虫种类也会在内蒙古额尔古纳国家湿地公园内分布；“蒙新区＋华北区＋华中区＋西南区”“蒙新区＋青藏区＋东北区＋华北区＋华中区”“蒙新区＋东北区＋华北区＋华中区＋西南区”“蒙新区＋青藏区＋东北区＋华北区＋华南区＋华中区”4 个跨区分布型各只有 1 种，各占总种数的 0.95%，说明长江流域分布的昆虫种类在北方地区较为少见，也有可能是昆虫标本个体数较少导致鉴定出现误差。

表 4-4　内蒙古额尔古纳国家湿地公园昆虫区系跨区分布

分布类型	种数/种	所占比例/%
东北区＋华南区	2	1.90
蒙新区＋华北区	4	3.81
蒙新区＋东北区	2	1.90
华北区＋华中区＋西南区	2	1.90
华北区＋东北区＋华南区	2	1.90
华北区＋东北区＋华中区	5	4.76
蒙新区＋青藏区＋东北区	3	2.86
蒙新区＋青藏区＋华北区	3	2.86

分布类型	种数/种	所占比例/%
蒙新区＋东北区＋华北区	10	9.52
华北区＋华南区＋华中区＋西南区	4	3.81
蒙新区＋华北区＋华中区＋西南区	1	0.95
蒙新区＋青藏区＋东北区＋华北区	6	5.71
蒙新区＋东北区＋华北区＋华南区	2	1.90
蒙新区＋东北区＋华北区＋华中区	10	9.52
蒙新区＋青藏区＋东北区＋华北区＋华中区	1	0.95
蒙新区＋东北区＋华北区＋华中区＋西南区	1	0.95
东北区＋华北区＋华南区＋华中区＋西南区	5	4.76
蒙新区＋华北区＋华南区＋华中区＋西南区	5	4.76
蒙新区＋青藏区＋东北区＋华北区＋华南区＋华中区	1	0.95
蒙新区＋青藏区＋东北区＋华北区＋华中区＋西南区	2	1.90
蒙新区＋东北区＋华北区＋华南区＋华中区＋西南区	2	1.90
蒙新区＋青藏区＋东北区＋华北区＋华南区＋华中区＋西南区	32	30.48
合　计	105	

（五）内蒙古额尔古纳国家湿地公园优势目昆虫区系分析

为明确内蒙古额尔古纳国家湿地公园优势目昆虫的内部组成与区系，分别对直翅目与鳞翅目进行区系分析。由表 4-5 可知，直翅目以古北种为主，种数占直翅目总种数的 65%。螽斯科中中华寰螽（*Altanticus sinensis*）为古北种，暗褐蝈螽（*Gampsocleis sedakovii obscura*）与优雅蝈螽（*Gampsocleis gratiosa*）为东洋古北兼有种；斑翅蝗科中黄胫异痂蝗（*Bryodema holdereri holdereri*）、蒙古束颈蝗（*Sphingonotus mongolicus*）、黄胫小车蝗（*Oedaleus infernalis*）、亚洲小车蝗（*Oedaleus decorus asiaticus*）、轮纹异痂蝗（*Bryodemella tuberculatum*）、鼓翅皱膝蝗（*Angaracris barabensis*）、大垫尖翅蝗（*Epacromius coerulipes*）为古北种，疣蝗（*Trilophidia annulata*）与草绿蝗（*Parapleurus alliaceus*）为东洋古北兼有种；网翅蝗科中小翅雏蝗（*Chorthippus fallax*）与黑翅雏蝗（*Chorthippus aethalinus*）为古北种，白膝网翅

蝗（*Arcyptera fusca*）为东洋古北兼有种；斑腿蝗科中长翅幽蝗（*Podisma sapporense*）为古北种，中华稻蝗（*Oxya chinensis*）与日本黄脊蝗（*Patanga japonica*）为东洋古北兼有种；癞蝗科与硕螽科各仅有一种，皆为古北种，分别是笨蝗（*Haplotropis brunneriana*）、笨棘颈螽（*Deracantha onos*）。

表 4-5　内蒙古额尔古纳国家湿地公园直翅目昆虫区系分析

科名	总种数	古北种		东洋古北兼有种	
		种数/种	比例/%	种数/种	比例/%
螽斯科 Tettigoniidae	3	1	33.33	2	66.67
硕螽科 Bradyporidae	1	1	100	—	—
斑翅蝗科 Oedipodidae	9	7	77.78	2	22.22
网翅蝗科 Arcypteridae	3	2	66.67	1	33.33
斑腿蝗科 Catantopidae	3	1	33.33	2	66.67
癞蝗科 Pamphagidae	1	1	100	—	—
合计	20	13	65.00	7	35.00

由表 4-6 可知，鳞翅目以东洋古北兼有种为主，种数占鳞翅目总种数的 74.29%。蛱蝶科中断眉线蛱蝶（*Limenitis doerriesi*）、灿福豹蛱蝶（*Fabriciana adippe*）、柳紫闪蛱蝶（*Apatura ilia*）、白钩蛱蝶（*Gonepteryx rhamni*）、青豹蛱蝶（*Damora sagana*）、荨麻蛱蝶（*Aglais urticae*）、新月带蛱蝶（*Athyma selenophora*）、双色带蛱蝶（*Athyma cama*）为东洋古北兼有种，单环蛱蝶（*Neptis rivularis*）、白矩朱蛱蝶（*Nymphalisvau ablum*）、小豹蛱蝶（*Brenthis daphne*）、红线蛱蝶（*Limenitis populi*）为古北种；灰蝶科中蓝灰蝶（*Everes argiades*）与蓝燕灰蝶（*Rapala caerulea*）为东洋古北兼有种；粉蝶科中云粉蝶（*Pontia daplidice*）、橙黄豆粉蝶（*Colias fieldii*）、东方菜粉蝶（*Pieris canidia*）、小檗绢粉蝶（*Aporia hippia*）、尖钩粉蝶（*Gonepteryx mahaguru*）、尖角黄粉蝶（*Eurema laeta*）、斑缘豆粉蝶（*Colias erate*）为东洋古北兼有种，绢粉蝶（*Aporia crataegi*）、镏金豆粉蝶（*Colias chrysotheme*）、灰姑娘绢粉蝶（*Aporia intercostata*）为古北种；眼蝶科中牧女珍眼蝶（*Coenonympha amaryllis*）为古北种，蛇眼蝶（*Minois dryas*）、斗毛眼蝶（*Lasiommata deidamia*）、矍眼蝶（*Ypthima motschulskyi*）、华北白

眼蝶（*Melanargia epimede*）、阿芬眼蝶（*Aphantopus hyperanthus*）、蛇神黛眼蝶（*Lethe satyrina*）、玄裳眼蝶（*Satyrus ferula*）为东洋古北兼有种；凤蝶科中金凤蝶（*Papilio machaon*）与柑橘凤蝶（*Sinoprinceps xuthus*）为东洋古北兼有种；绢蝶科中仅有红珠绢蝶（*Parnassius bremeri*）一种为古北种。

表 4-6　内蒙古额尔古纳国家湿地公园鳞翅目昆虫区系分析

科名	总种数/种	古北种		东洋古北兼有种	
		种数/种	比例/%	种数/种	比例/%
蛱蝶科 Nymphalidae	12	4	33.33	8	66.67
灰蝶科 Lycaenidae	2	—	—	2	100.00
粉蝶科 Pieridae	10	3	30.00	7	70.00
眼蝶科 Satyridae	8	1	12.50	7	87.50
凤蝶科 Papilionidae	2	—	—	2	100
绢蝶科 Parnassiidae	1	1	100	—	—
合计	35	9	25.71	26	74.29

综合表 4-5、表 4-6 发现，内蒙古额尔古纳国家湿地公园直翅目昆虫以古北种为主，而鳞翅目昆虫则与直翅目相反以东洋古北兼有种为主，这反映了鳞翅目昆虫受地理环境约束较小，也可以认为运动能力决定了昆虫的分布范围。

此次调查鉴定的内蒙古额尔古纳国家湿地公园昆虫共 9 目 48 科 87 属 105 种，这表明该地昆虫种类并不是特别丰富的，且各目、各科物种数量差异较大。这可能与此次昆虫区系调查的时间有关，由于昆虫的生活习性的影响，此次调查集中在 7 月，八九月的昆虫并未采集到。也可能与该地气候有关，春季温度回升急剧，多大风天，降水少且变率大；夏季短暂、温暖，雨热同季；秋季降温快，初霜早；冬季寒冷漫长、降水少，但空气湿度很大，昆虫较难在此气候条件下生存。2016—2018 年，该地降水量偏少，湿地水源不足，导致湿地面积萎缩，昆虫生境较差，昆虫多样性受到威胁。

鳞翅目与直翅目的物种数占湿地总物种数的 52.39%，为优势目。此次调查的额尔古纳湿地昆虫在世界动物区系中以古北种与东洋古北兼有种为主，其中古北种为次[7]。

第二节 鱼类

鱼类是最古老的脊椎动物，分布在世界上绝大多数的水生环境中，从淡水到海洋到处都有鱼类的身影。鱼类是水生生态系统的重要组成之一，也是水生生物多样性的重要组成成分。鱼类资源调查对了解鱼类种群动态、保护水生生物物种多样性、维护水体生态平衡具有重要意义。

调查采用社会访问调查与现场调查结合的方式，对调查区内鱼类资源进行调查。选用渔获物采集法进行调查。

对当地原住居民进行访问，并结合访问结果和历史研究记载，最终得出调查结果。

对调查区进行调查，并结合相关文献数据可知，内蒙古额尔古纳国家湿地公园内分布鱼类共 14 种，隶属于 4 目 6 科[8]。

一、内蒙古额尔古纳国家湿地公园鱼类名录

（一）七鳃鳗目 Petromyzoniformes

1．七鳃鳗科 Petromyzonidae

（1）雷氏七鳃鳗（*Lampetra reissneri*）

体呈鳗形，尾部稍侧扁。尾部较短，肛门位于体后部。头长，圆筒形。眼透明，口漏斗腹位，呈圆形吸盘状，吸盘内侧具许多角质齿，无外侧齿。无上下颌。体无鳞。背鳍 2 个，尾鳍矛状。在我国仅分布于东北地区部分河流和湖泊中。

（二）鲑形目 Salmoniformes

2．鲑科 Salmonidae

（2）哲罗鱼（*Hucho taimen*）

体延长，略侧扁，头部平扁，口端位，口裂大，具齿且锐。鳞细小，侧线完全。体背为青褐色，体侧和腹部银白色，头部背侧布有许多黑色斑点，繁殖期有“婚姻装”出现，鱼体腹部腹鳍和尾鳍下叶都呈橘黄的胭脂色彩。主要分布在亚洲北部地区，在中国分布于黑龙江上游、嫩江上游、牡丹江、乌苏里江、松花江、镜泊湖、额尔齐斯河。

（3）细鳞鲑（*Brachymystax lenok*）

体长梭形、稍侧扁，头稍尖，吻钝，口小，横裂，体有小椭圆鳞，头部无鳞。侧线侧中位，眼大，胸鳍、腹鳍橘红色有黑斑。个体较小。我国分布于黑龙江、图们江、嫩江、牡丹江、松花江、绥芬河等流域。

3．狗鱼科 Esocidae

（4）黑斑狗鱼（*Esox reicherti*）

体延长，头前部扁平，吻似鸭嘴。口大，前颌骨、下颌骨、犁骨、腭骨及舌的齿锋利。鳞小。侧线不明显。背鳍后移，与臀鳍相对。体背青铜色，腹部白色，体侧具有黑色斑点。在我国分布于黑龙江水系的江、河、湖泊处。

（三）鲤形目 Cypriniforme

4．鲤科 Cyprinidae

（5）红鳍鲌（*Chanodichthys erythropterus*）

体长，侧扁。腹棱完全。口上位，口裂几乎与身体垂直，下颌向上翘。眼中等大，眼后缘至吻端的距离小于眼后头长。侧线完全，侧线鳞 59～62 枚。背鳍末根不分枝，鳍条为硬刺；胸鳍尖，末端伸达腹鳍起点；尾鳍深分叉。体侧面及腹部银白色，背鳍、尾鳍浅灰色。分布于中国、韩国、朝鲜、蒙古国、俄罗斯、越南。

（6）蒙古鲌（*Culter mongolicus*）

体长，侧扁，头部背面平直，头后背部稍隆起。吻稍突出，口端位，下颌稍凸出，口裂稍斜。腹鳍基至肛门有腹棱，背鳍具光滑的硬刺；尾鳍分叉深，两叶末端尖，下叶稍长于上叶。体背部及头部呈浅棕色，腹部银白，背鳍灰色，胸鳍、腹鳍、臀鳍及尾鳍上叶均为浅黄色，尾鳍下叶为橘红色。分布广泛。

（7）麦穗鱼（*Pseudorasbora parva*）

体细长，稍侧扁，尾柄较长，腹部圆。头小而略尖，上下略平扁。吻略尖而凸出。眼大，眼间隔宽平。口小，上位，口裂近乎垂直，下颌较上颌长。无须。体被中大型的圆鳞；侧线完全而较平直。体背侧银灰色，腹侧灰白，体侧鳞片后缘具新月形黑斑。原产于我国，南至广西、云南，北达黑龙江，西达甘肃兰州。

（8）蛇鮈（*Saurogobio dabryi*）

体延长，略呈圆筒形，背部稍隆起，腹部略平坦，尾柄稍侧扁。头较长，大于体高。吻凸出，在鼻孔前下凹。口下位，马蹄形。眼较大。背鳍无硬刺。侧线完整且平直。体背部及体侧上半部青灰色，腹部灰白色。胸鳍、腹鳍及鳃盖边缘为黄色；背鳍、臀鳍及尾鳍为灰白色。分布广，从黑龙江向南至珠江各水系均有分布。

（9）鲤（*Cyprinus carpio*）

体延长而侧扁，肥厚而略呈纺锤形，背部略隆起，腹缘呈浅弧形。头中大。吻钝圆，上颌包着下颌。口略小，下位，斜裂，呈圆弧形。体被圆鳞，侧线完全，体背部暗灰色或黄褐色，侧面略带黄绿色，腹面浅灰色或银白色。背鳍和尾鳍基部微黑色；胸鳍和腹鳍微金黄色。分布广泛。

（10）鲫（*Carassius auratus auratus*）

体长椭圆形，侧扁，眼侧中位，眼间隔宽凸。口前位，斜形，下颌较上颌略短。唇发达。无须。背侧黑色，微绿；两侧及下方常有金黄光泽，鳍淡黄色，背鳍与尾鳍色较暗。分布于我国除青海、西藏外各大流域、湖泊。

5．鳅科 Cobitidae

（11）黑龙江花鳅（*Cobitis lutheri*）

小型鱼类，眼下刺分叉，须 3 对，较长。体细长而稍侧扁，头侧扁。体鳞细小，侧线不完全。多数个体尾鳍基下部的黑斑不明显，部分雄性个体体侧中线的大斑为一条宽纵纹所代替。分布于黑龙江水系。

（12）北方花鳅（*Cobitis granoci*）

体细长，稍侧扁，头较小，相对较高而侧扁。眼小，眼间距短小。尾鳍圆形，鳞片细小，侧线鳞不完全。体棕灰色，腹部白色，尾鳍上侧具有一明显黑斑。分布于黑龙江水系。

（13）北方泥鳅（*Misgurnus bipartitus*）

体细长。须较短。尾柄皮褶棱不发达。腹鳍基部起点与背鳍第2～4根分枝鳍条基部相对。分布于我国内蒙古、黑龙江、辽宁、吉林等地。

（四）鲇形目 Siluriformes

6．鲇科 Siluridae

（14）鲇（*Silurus asotus*）

体延长，前部略呈短圆筒形，后部渐侧扁。头纵扁，宽大于头高，钝圆。口大，上、下颌具绒毛状细齿，眼小，侧上位，背鳍短小，腹鳍起点垂直上方之前，无硬刺。臀鳍基部甚长，后端与尾鳍相连。胸鳍圆形，尾鳍微凹，上、下叶等长。一般生活时体呈褐灰色，体侧色浅，具不规则的灰黑色斑块，腹面白色，各鳍色浅。遍布我国各水系。

二、内蒙古额尔古纳国家湿地公园鱼类物种组成分析

鲤形目2科9种，其种数占总种数的64.29%，物种数与鲤形目作为现生淡水鱼类中最大的一目相符合；鲑形目2科3种，其种数占总种数的21.43%，这与内蒙古额尔古纳国家湿地公园处于寒温带大陆性气候相符；其余为鲇形目1科1种，其种数占总种数的7.14%；七鳃鳗目1科1种，其种数占总种数的7.14%（表4-7）。

表 4-7　内蒙古额尔古纳国家湿地公园鱼类物种组成

目	科		种数/个	占比/%
	科数/个	科别		
七鳃鳗目 Petromyzoniformes	1	七鳃鳗科 Petromyzonidae	1	7.14
鲑形目 Salmoniformes	2	鲑科 Salmonidae	2	14.29
		狗鱼科 Esocidae	1	7.14
鲤形目 Cypriniformes	2	鲤科 Cyprinidae	6	42.86
		鳅科 Cobitidae	3	21.43
鲇形目 Siluriformes	1	鲇科 Siluridae	1	7.14
合计	6		14	100

分布在额尔古纳河的鱼类共 14 种。分布在额尔古纳河及其支流的鱼类共 11 种，其种数占总种数的 78.57%。（表 4-8）。

国家重点保护野生动物有细鳞鲑、哲罗鱼、雷氏七鳃鳗 3 种，为国家重点二级保护野生动物，其种数占总种数的 21.43%[9]。

表 4-8　内蒙古额尔古纳国家湿地公园鱼类名录

目、科、种	分布水系
一、七鳃鳗目 Petromyzoniformes	
（一）七鳃鳗科 Petromyzonidae	
1. 雷氏七鳃鳗 *Lampetra reissneri*	额尔古纳河
二、鲑形目 Salmoniformes	
（二）鲑科 Salmonidae	
2. 哲罗鱼 *Hucho taimen*	额尔古纳河及其支流
3. 细鳞鲑 *Brachymystax lenok*	额尔古纳河及其支流
（三）狗鱼科 Esocidae	
4. 黑斑狗鱼 *Esox reicherti*	额尔古纳河及其支流
三、鲤形目 Cypriniforme	
（四）鲤科 Cyprinidae	
5. 红鳍鲌 *Chanodichthys erythropterus*	额尔古纳河及其支流

目、科、种	分布水系
6. 蒙古鲌 *Culter mongolicus*	额尔古纳河及其支流
7. 麦穗鱼 *Pseudorasbora parva*	额尔古纳河及其支流
8. 蛇鮈 *Saurogobio dabryi*	额尔古纳河及其支流
9. 鲤 *Cyprinus carpio*	额尔古纳河
10. 鲫 *Carassius auratus auratus*	额尔古纳河及其支流
（五）鳅科 Cobitidae	
11. 黑龙江花鳅 *Cobitis lutheri*	额尔古纳河及其支流
12. 北方花鳅 *Cobitis granoci*	额尔古纳河及其支流
13. 北方泥鳅 *Misgurnus bipartitus*	额尔古纳河及其支流
四、鲇形目 Siluriformes	
（六）鲇科 Siluridae	
14. 鲇 *Silurus asotus*	额尔古纳河

注：额尔古纳河的支流包括乌玛河、激流河、莫尔道嘎河、得尔布干河、根河。

第三节　两栖类

两栖类动物是从水生过渡到陆生的脊椎动物，具有水生脊椎动物与陆生脊椎动物的双重特性。在生态系统的物质循环和能量流动过程中，担任消费者和生产者的双重角色，在维持生态平衡方面具有其他动物难以替代的作用。

本次调查根据两栖类动物的活动范围、生态习性、栖息地类型，采用样方法进行，在栖息地上随机布设 10 m × 10 m 样方，仔细搜索并记录发现的动物名称、数量。

整理两栖类动物的高清图片，咨询当地居民，通过居民对图片的认识了解来确认当地是否有相应的两栖类动物分布。

对调查区进行调查，并结合相关文献数据可知，内蒙古额尔古纳国家湿地公园内两栖类动物共 5 种，隶属 2 目 4 科[10]。

一、内蒙古额尔古纳国家湿地公园两栖类名录

（一）有尾目 Caudata

1．小鲵科 Hynobiidae

（1）**极北鲵**（*Salamandrella keyserlingii*）

头部扁平，吻端圆厚，吻棱不显，头顶较平。眼大，约吻眼间距。舌大，几乎占口腔底，两侧游离。躯干圆柱形，尾侧扁而短。皮肤滑润为青褐色，头与背中线有棕褐色或黄棕色纵纹，腹面浅灰色。黑龙江、吉林、辽宁等地均有分布。

（二）无尾目 Anura

2．蟾蜍科 Bufonifae

（2）**花背蟾蜍**（*Bufo raddei*）

体型较小，指细而尖，雄蟾蜍背面橄榄黄色，皮肤粗糙，密布大小瘰疣，上有许多小白刺。雌蟾蜍背面浅绿色，有深褐色或酱黑色花斑，瘰疣稀疏，皮肤较光滑。腹面乳白色，满布扁平小疣。耳后腺大而扁平。四肢及腹部较平滑。主要分布于黑龙江、吉林、辽宁、内蒙古、青海和山东等地。

（3）**中华大蟾蜍**（*Bufo gargarizans*）

形如蛙，体粗壮，皮肤粗糙，全身布满大小不等的圆形瘰疣。头宽大，口阔，舌分叉，眼大而凸出，头顶部两侧有大而长的耳后腺一个。躯体粗而宽。雄蟾蜍背面多为黑绿色，体侧有浅色斑纹；雌蟾背面斑纹较浅，瘰疣乳黄色，有棕色或黑色的细花斑。四肢粗壮，前肢短、后肢长，趾端无蹼，步行缓慢。东北、华北、华东、西北都有分布。

3．雨蛙科 Hylidae

（4）**无斑雨蛙**（*Hyla arborea*）

体型小，头宽大于头长；吻圆，短而高，背面皮肤光滑；背面纯绿或有斑纹，

腹面及体侧为黄白色或污白色，体侧及前后肢上都没有黑色点斑，也无深棕色细纹。分布在辽宁、吉林、黑龙江、内蒙古、河北、河南、陕西、湖北、浙江、江西等地。

4．蛙科 Ranidae

（5）中国林蛙（*Rana chensinensis*）

头较扁平，头长宽相等或略宽；吻端钝圆，略凸出于下颌，趾端钝圆；趾细长，蹼发达，除第 4 趾外，其余各趾的蹼多少至趾端而蹼缘缺刻较大，皮肤上细小痣粒颇多，腹面皮肤光滑。背面与体侧有分散的黑斑点。分布于黑龙江、吉林、辽宁、内蒙古、河北、山西、陕西、甘肃、山东、江苏、四川等地。

二、内蒙古额尔古纳国家湿地公园两栖类物种组成分析

调查记录两栖类动物 5 种，隶属于 2 目 4 科，其中有尾目 1 科 1 种；无尾目 3 科 4 种（表 4-9）。

表 4-9　内蒙古额尔古纳国家湿地公园两栖类物种组成

目、科、种	濒危等级	分布型	区系分布
一、有尾目 Caudata			
（一）小鲵科 Hynobiidae			
1. 极北鲵 *Salamandrella keyserlingii*	VU	古北型	东北区
二、无尾目 Anura			
（二）蟾蜍科 Bufonifae			
2. 花背蟾蜍 *Bufo raddei*	LC	东北—华北型	华北区
3. 中华大蟾蜍 *Bufo gargarizans*	LC	古北型	华北区
（三）雨蛙科 Hylidae			
4. 无斑雨蛙 *Hyla arborea*	LC	东北—华北型	华北区
（四）蛙科 Ranidae			
5. 中国林蛙 *Rana chensinensis*	LC	古北型	东北区

注：VU 为易危；LC 为无危。

内蒙古额尔古纳国家湿地公园 5 种两栖类动物中，极北鲵（*Salamandrella keyserlingii*）被列入《世界自然保护联盟濒危物种红色名录》，濒危等级为易危，其他均是无危[9]。

分布型以古北型为主；区系以东北区为主。

第四节　爬行类

爬行类动物由石炭纪末期的古代两栖类动物进化而来，心脏有两心房一心室，心室有不完全隔膜，体温不恒定，是真正适应陆栖生活的变温脊椎动物，爬行类不仅在成体结构上进一步适应陆地生活，其繁殖也脱离了水的束缚，与鸟类、哺乳类共称为羊膜动物。

本次调查根据两栖类动物的活动范围、生态习性、栖息地类型，采用样带法进行，在栖息地随机布设 200 m × 100 m 的样带，仔细搜索并记录发现的动物名称、数量。

整理爬行类动物的高清图片，咨询当地的居民，通过居民对图片的认识了解来确认当地是否有相应的爬行类动物分布。

对调查区进行调查，结合相关文献数据可知，内蒙古额尔古纳国家湿地公园内分布爬行类共 4 种，隶属 2 目 3 科[11]。

一、内蒙古额尔古纳国家湿地公园爬行类名录

（一）蜥蜴目 Lacertiformes

1．蜥蜴科 Lacertidae

（1）胎生蜥蜴（*Zootoca vivipara*）

体型圆长而稍扁平。头略成方柱形，吻端圆钝，体背灰褐色，脊背中央至尾前部有一行棕斑或由此连成的长纹，两侧均有宽约 3.5 mm 的深色纵纹。腹鳞灰黑而镶

有乳白色边缘。分布于欧洲至亚洲北部。

（二）蛇目 Serpentiformes

2. 游蛇科 Colubridae

（2）白条锦蛇（*Elaphe dione*）

头略呈椭圆形，体尾较细长，全长 1 m 左右。背面苍灰、灰棕或棕黄色。头顶有黑褐色斑纹 3 条，最前一条较细或不明显，第二条弱宽，第三条最宽；躯尾背面具 3 条浅色纵纹，正背中一条窄而模糊，常被黑斑（宽 1～2 枚鳞列）隔断，两侧的两条较宽。广泛分布于我国北方。

3. 蝰科 Crotalidae

（3）岩栖蝮蛇（*Gloydius saxatilis*）

头侧有颊窝的管牙类毒蛇，头略呈三角形，与颈区分明显，体较粗，尾比较短，体尾背面灰褐色，有深棕色横斑若干，尾末黑色。分布于内蒙古、辽宁、吉林、黑龙江、江苏、山东。

（4）乌苏里蝮蛇（*Gloydius ussuriensis*）

小型毒蛇，背面暗褐、棕褐或红褐色，有两行边缘黑色、中心色浅、向体侧开放的大圆斑纵贯全身，左右圆斑对称排列或略有交错，在背中线彼此相接或几乎相接；眼后黑色眉纹较宽，上缘平直镶白边，下缘略呈波纹不镶白边；尾尖色不浅淡，舌粉红色。有一对颊窝，有前管牙。在我国主要分布于黑龙江、吉林等地。

二、内蒙古额尔古纳国家湿地公园爬行类物种组成分析

调查记录爬行类动物 4 种，隶属 2 目 3 科，其中蜥蜴目 1 科 1 种；蛇目 2 科 3 种（表 4-10）。

表 4-10　内蒙古额尔古纳国家湿地公园爬行类物种组成

目、科、种	濒危等级	分布型	区系分布
一、蜥蜴目 Lacertiformes			
（一）蜥蜴科 Lacertidae			
1. 胎生蜥蜴 *Zootoca vivipara*	LC	古北型	东北区
二、蛇目 Serpentiformes			
（二）游蛇科 Colubridae			
2. 白条锦蛇 *Elaphe dione*	LC	古北型	东北区
（三）蝰科 Crotalidae			
3. 岩栖蝮蛇 *Gloydius saxatilis*	NT	东北型	东北区
4. 乌苏里蝮蛇 *Gloydius ussuriensis*	NT	东北型	东北区

注：NT 为近危。

区系分布均为东北区，内蒙古额尔古纳国家湿地公园的自然条件限制了变温爬行动物的分布，因此内蒙古额尔古纳国家湿地公园爬行动物的组成简单，种类较少。

在内蒙古额尔古纳国家湿地公园 4 种爬行动物中，近危等级物种有 2 种，为岩栖蝮蛇（*Gloydius saxatilis*）、乌苏里蝮蛇（*Gloydius ussuriensis*）；无危等级物种有 2 种，为胎生蜥蜴（*Zootoca vivipara*）、白条锦蛇（*Elaphe dione*）[9]。

第五节　鸟类

鸟类是体表被覆羽毛的卵生且适应于陆地和空中生活的高等脊椎动物。前肢成翼，后肢行走，多数能飞行，活动范围广泛，鸟类是生态系统的重要成员，对猎物有密度制约作用。此外，鸟类担负着种子及营养物输送的任务，参与系统内能量流动和无机物质循环，维持生态系统的稳定性。

根据内蒙古额尔古纳国家湿地公园提供的鸟类照片，对公园范围内的鸟类种类进行了初步鉴定，由于拍摄时间及地形条件的限制，本次记录的鸟类种类较少，共记录了鸟类 14 目 37 科 106 种[12, 13]。

一、内蒙古额尔古纳国家湿地公园鸟类简介

（一）雀形目 Passeriformes

1．百灵科 Alaudidae

（1）云雀

（*Alauda arvensis*）

体小型（17 cm），背部花褐色和浅黄色，胸腹部白色至深棕色。外尾羽白色，尾巴棕色。后脑勺具羽冠。繁殖于新疆、青海、西藏、河北、山东、黑龙江、吉林等地。冬季迁徙至东北南部和东南部、长江中下游，以及江苏、广东北部等地越冬。

（2）蒙古百灵

（*Melanocorypha mongolica*）

体小型（18 cm），上体黄褐色，具棕黄色羽缘，头顶周围栗色，中央浅棕色，下体白色，胸部具有不连接的宽阔横带，两胁稍杂以栗纹，颊部皮黄色。雌鸟似雄鸟，但颜色暗淡。分布于北京、河北、内蒙古、辽宁、吉林、黑龙江、青海、宁夏等地。

2. 鹡鸰科 Motacillidae

（3）黄头鹡鸰（*Motacilla citreola*）

体小型（18 cm），较纤细，喙较细长，先端具缺刻；翅尖长，内侧飞羽（三级飞羽）极长，几与翅尖平齐；尾细长呈圆尾状，中央尾羽较外侧尾羽长。多活动于水边，停息时尾上下摆动，单个或成对地寻食昆虫，飞行时呈波浪状起伏。分布于新疆、甘肃、内蒙古、东北等地区。

（4）灰鹡鸰（*Motacilla cinerea*）

体小型（19 cm），体型较纤细。喙较细长，先端具缺刻；翅尖长，内侧飞羽（三级飞羽）极长，尾细长，外侧尾羽具白，常有规律地上、下摆动；腿细长后趾具长爪。分布于亚欧大陆和非洲。

（5）田鹨（*Anthus richardi*）

体小型（15～19 cm），上体多为黄褐色或棕黄色，头顶和背具暗褐色纵纹，眼先和眉纹皮黄白色。下体白色或皮黄白色，喉两侧有一暗褐色纵纹，胸具暗褐色纵纹。尾黑褐色，后爪甚长，在地上站立时多呈垂直姿势，行走迅速。广泛分布于中国。

3. 太平鸟科 Bombycillidae

（6）太平鸟
（*Bombycilla garrulus*）

体小型（18 cm），全身基本呈葡萄灰褐色，头部色深呈栗褐色，头顶有一细长呈簇状的羽冠，一条黑色贯眼纹从嘴基经眼到后枕，位于羽冠两侧。颏、喉黑色。分布于黑龙江、吉林、辽宁、甘肃、内蒙古、四川、河南，山东、江苏、台湾等地。

4．伯劳科 Laniidae

（7）荒漠伯劳（*Lanius isabellinus*）

体小型（19 cm），雄性成鸟繁殖期上体灰沙褐色；嘴基至前额淡沙褐色，头顶至上背灰沙褐色，下背至尾上覆羽染以锈色。雌性成鸟羽色似雄鸟但眼先斑为褐色并杂有淡黄色羽，微有少数黑羽。分布于黑龙江、内蒙古、甘肃、宁夏、青海、新疆等地。

（8）红尾伯劳（*Lanius cristatus*）

体小型（18～21 cm），上体棕褐色或灰褐色，两翅黑褐色，头顶灰色或红棕色、具白色眉纹和粗著的黑色贯眼纹。尾呈楔形。颏、喉白色，其余下体棕白色。分布于黑龙江、吉林、辽宁、内蒙古、甘肃、宁夏、河北、四川、浙江、湖北、湖南、福建、广东、广西、云南、贵州、海南和台湾等地。

5．椋鸟科 Sturnidae

（9）灰椋鸟（*Sturnus cineraceus*）

体小型（18～24 cm），头顶至后颈黑色，额和头顶杂有白色，颊和耳覆羽白色微杂有黑色纵纹。上体灰褐色，尾上覆羽白色，嘴橙红色，尖端黑色，脚橙黄色。繁殖于黑龙江、吉林、辽宁、内蒙古、河北、山西，越冬至长江流域、东南沿海以及台湾、香港和海南岛，往西至四川西部、贵州和云南等地。

（10）紫翅椋鸟（*Sturnus vulgaris*）

体中型（20～24 cm），羽新为矛状，羽缘锈色而成扇贝形纹和斑纹，旧羽斑纹多消失。体闪灰黑、紫、绿色，具不同程度白色点斑。虹膜深褐色；嘴黄色；脚略红。主要分布于亚欧大陆及中国的西南地区。

6．鸦科 Corvidae

（11）喜鹊
（*Pica pica*）

体中型（40～50 cm），雌雄羽色相似，头、颈、背至尾均为黑色，双翅黑色而在翼肩有一大型白斑，尾长呈楔形，腹面以胸为界，前黑后白。广布全国。

（12）松鸦
（*Garrulus glandarius*）

体中型（28～35 cm），翅短，尾长，羽毛蓬松呈绒毛状。头顶有羽冠，遇刺激时能够竖直起来。分布于黑龙江、吉林、辽宁、内蒙古、河北、山西、陕西、河南、甘肃、西藏南部、新疆北部、长江流域及其以南地区。

（13）达乌里寒鸦（*Corvus dauuricus*）

体中型（30～35 cm），全身羽毛主要为黑色，仅后颈有一宽阔的白色颈圈向两侧延伸至胸和腹部，在黑色体羽衬托下极为醒目。分布于中国、中亚和东部西伯利亚南部、蒙古国和朝鲜。

（14）灰喜鹊（*Cyanopica cyanus*）

体中型（33～40 cm），嘴、脚黑色，额至后颈黑色，背灰色，翅淡天蓝色，最外侧两枚初级飞羽淡黑色，尾羽淡天蓝色，两枚中央尾羽具宽形白色端斑，其余尾羽的末端仅具白色边缘，尾羽下面淡蓝灰色。虹膜暗褐到淡褐黑色；嘴、跗跖和趾黑色。分布于东北至华北，西至内蒙古、山西、甘肃、四川以及长江中下游直至福建。

7．鸫科 Turdidae

（15）北红尾鸲（*Phoenicurus auroreus*）

体小型（13～15 cm），雄鸟头顶至直背石板灰色，下背和两翅黑色具明显的白色翅斑，雌鸟上体橄榄褐色，两翅黑褐色具白斑，眼圈微白，下体暗黄褐色。繁殖于黑龙江、吉林、辽宁、内蒙古、北京、河北、山西、陕西、宁夏、青海、甘肃、河南、四川、贵州、云南以及西藏，越冬于长江以南地区。

（16）斑鸫（*Turdus eunomus*）

体中型（20～24 cm），体色较暗，上体从头至尾暗橄榄褐色杂有黑色；下体白色，喉、颈侧、两胁和胸具黑色斑点，有时在胸部密集成横带；两翅和尾黑褐色，翅上覆羽和内侧飞羽具宽的棕色羽缘；眉纹白色，翅下覆羽和腋羽辉棕色。分布于黑龙江、吉林、辽宁、河北、北京、内蒙古、青海等地。

（17）田鸫（*Turdus pilaris*）

体中型（25～28 cm），头顶、颈、腰淡蓝灰色，额和头顶有少许黑色纵纹，背栗褐色，两翅和尾黑褐色，眉纹白色。下体白色，喉、胸缀锈黄色具黑褐色纵纹，下胸和两胁具黑褐色鳞状斑。分布于中国、欧洲北部和亚洲北部。

8．鹟科 Muscicapidae

（18）红喉姬鹟（*Ficedula albicilla*）

体小型（11～13 cm），雄鸟上体灰黄褐色，眼先、眼周白色，尾上覆羽和中央尾羽黑褐色，外侧尾羽褐色，基部白色。颏、喉繁殖期橙红色，胸淡灰色，其余下体白色，非繁殖期颏、喉变为白色。雌鸟颏、喉白色，胸沾棕，其余同雄鸟。分布于大兴安岭、小兴安岭、松嫩平原等地。

9．鸦雀科 Panuridae

（19）文须雀（*Panurus biarmicus*）

体小型（15～18 cm），嘴黄色、较直而尖，脚黑色。上体棕黄色，翅黑色具白色翅斑，外侧尾羽白色。雄鸟头灰色，眼先和眼周黑色并向下与黑色髭纹连在一起，形成一粗著的黑斑，在淡色的头部极为醒目。下体白色，腹皮黄白色，雄鸟尾下覆羽黑色。分布于新疆、青海、甘肃、内蒙古及东北北部。

（20）灰头鸦雀（*Paradoxornis gularis*）

体小型（16～18 cm），嘴短而粗厚，橙黄色，似鹦鹉嘴。头顶至枕灰色，前额黑色，有一条长而宽阔的黑色眉纹从黑色的额部伸出沿眼上向后一直延伸到颈侧，极为醒目，眼圈白色，眼后耳羽和颈侧亦为灰色。上体包括两翅和尾表面概为棕褐色，颊和下体白色，喉中部黑色。主要分布于我国南方。

10．莺科 Sylviidae

（21）黄腰柳莺（*Phylloscopus proregulus*）

体小型（8～11 cm），上体橄榄绿色；头顶中央有一道淡黄绿色纵纹，眉纹黄绿色。两翅和尾黑褐色，外翈羽缘黄绿色。腰部有明显的黄带；翅上两条深黄色翼斑明显；腹面近白色。第二枚飞羽大都等于第七或第八枚。分布于新疆、陕西、甘肃、青海、宁夏、西藏、内蒙古、黑龙江、吉林等地。

（22）黄眉柳莺（*Phylloscopus inornatus*）

体小型（10 cm），嘴细尖。头部色泽较深，在头顶的中央贯以一条若隐若现的黄绿色纵纹。上体包括两翅的内侧覆羽概呈橄榄绿色，翅具两道浅黄绿色翼斑。下体白色，胸、胁、尾下覆羽均稍沾绿黄色，尾羽黑褐色，嘴角黑色。分布于新疆、内蒙古、黑龙江、吉林、甘肃、宁夏、青海等地。

（23）极北柳莺（*Phylloscopus borealis*）

体小型（11～13 cm），灰橄榄色，具明显的黄白色长眉纹，眼先及过眼纹近黑。上体概呈灰橄榄绿色；具甚浅的白色翼斑，虹膜暗褐色；嘴黑褐色。分布于新疆、内蒙古、黑龙江、吉林、宁夏等地。

11．长尾山雀科 Aegithalidae

（24）银喉长尾山雀（*Aegithalos caudatus*）

体小型（11～13 cm），顶羽较丰满且甚发达，体羽蓬松呈绒毛状，头顶、背部、两翼和尾羽呈现黑色或灰色，下体纯白色或淡灰棕色，尾羽长度多超过头体长。雌性羽色与雄鸟相似。虹膜褐色；嘴黑色；脚棕黑色。分布于北京、河北、山东、山西、内蒙古、黑龙江、吉林、辽宁、江苏、安徽、浙江、湖北、湖南、河南、陕西、甘肃、青海、新疆、四川和云南等地。

12．山雀科 Paridae

（25）沼泽山雀（*Parus palustris*）

体小型（11～14 cm），前额、头顶至后颈辉黑色，眼以下脸颊至颈侧白色，上体沙灰褐色。颏、喉黑色，其余下体白色或苍白色。分布于亚欧大陆大部分地区。

（26）大山雀（*Parus major*）

体小型（13～15 cm），整个头黑色，头两侧各具一大型白斑。上体蓝灰色，背沾绿色。分布于黑龙江、吉林、辽宁、内蒙古、河北、山西、青海、甘肃等地。

13．雀科 Ploceidae

（27）树麻雀（*Passer montanus*）

体小型（13～15 cm），额、头顶至后颈栗褐色，头侧白色，耳部有一黑斑，在白色的头侧极为醒目。背沙褐或棕褐色具黑色纵纹。颏、喉黑色，其余下体污灰白色微沾褐色。分布于亚欧大陆。

14．燕雀科 Fringillidae

（28）燕雀（*Fringilla montifringilla*）

体小型（14～17 cm），嘴粗壮而尖，呈圆锥状。雄鸟从头至背辉黑色，背具黄褐色羽缘。腰白色，颏、喉、胸橙黄色，腹至尾下覆羽白色，两胁淡棕色而具黑色斑点。两翅和尾黑色，翅上具白斑。雌鸟和雄鸟大致相似，但体色较浅淡，分布于北欧、亚洲。

（29）**普通朱雀**（*Carpodacus erythrinus*）

体小型（13～16 cm），雄鸟头顶、腰、喉、胸红色或洋红色，背、肩褐色，羽缘沾红色，两翅和尾黑褐色，羽缘沾红色。雌鸟上体灰褐色或橄榄揭色、具暗色纵纹，下体白色或皮黄白色、具黑褐色纵纹。分布于黑龙江、内蒙古东北部、新疆、西藏、青海、宁夏等地。

（30）**白腰朱顶雀**（*Carduelis flammea*）

体小型（13 cm），额和头顶深红色，眉纹黄白色；上体各羽多具黑色羽干纹；下背和腰灰白色而沾粉红色，翼上具二条白色横带；喉、胸均粉红色，下体余部白色。雄性幼鸟与雌鸟同色，但下体沾黄色。分布于近北极地区。

（31）**极北朱顶雀**（*Carduelis hornemanni*）

体小型（12～14 cm），翼近黑，头顶有红色点斑，颏黑。各年龄段体均似白腰朱顶雀但白色较多且纵纹较少，胸、脸侧及腰的粉红色有限，尾分叉，腰几乎为白色。虹膜褐色，下嘴黄色，上嘴黑褐色，脚暗褐色。分布于东北、宁夏、甘肃、新疆等地。

（32）**黄雀**（*Carduelis spinus*）

体小型（11～12 cm），雄鸟头顶与颏黑色，上体黄绿色，腰黄色，两翅和尾黑色，翼斑和尾基两侧鲜黄色；雌鸟头顶与颏无黑色，体赤绿色具暗色纵纹，下体暗淡黄色，有浅黑色斑纹；虹膜近黑色；嘴暗褐色，下嘴较淡；腿和脚暗褐色。分布于南欧至埃及，东至日本、朝鲜半岛和中国。

（33）**红腹灰雀**（*Pyrrhula pyrrhula*）

体小型（16～18 cm），雄鸟的腹部红色，上体余部从颈至背，包括肩羽和翼上覆羽概灰色；腰部白色；尾羽紫黑色；雌性全体灰色，无红色渲染，背部微沾棕色；其余部分与雄鸟相同。虹膜赤褐色；嘴黑色；脚褐色。分布于黑龙江、吉林、辽宁、河北等地。

（34）**锡嘴雀**（*Coccothraustes coccothraustes*）

体小型（18 cm），头顶棕褐，头侧及腰和尾上覆羽，色较淡；后颈灰色，翕和下背微褐；翅上的内侧覆羽白，形成宽阔白色带斑；尾羽大都黑褐色，先端白色；嘴基周围及眼先黑，雌鸟羽色较雄鸟暗淡，头顶褐灰。分布于亚欧大陆和非洲西北部。

(35) 北朱雀

(*Carpodacus roseus*)

体小型（12～15 cm），尾略长，雄鸟头、下背及下体绯红；头顶色浅，额及颏霜白；上体及覆羽深褐，胸绯红，腹部粉色，雌鸟色暗，上体具褐色纵纹，额及腰粉色，下体皮黄色而具纵纹，臀白。分布于吉林、辽宁、内蒙古、宁夏、甘肃、陕西等地。

15．鹀科 Emberizidae

(36) 灰头鹀 (*Emberiza spodocephala*)

体小型（12.5～16 cm），雄鸟嘴基、眼先、颊黑色，头、颈、颏、喉和上胸灰色而沾绿黄色，上体橄榄褐色具黑褐色羽干纹，两翅和尾黑褐色。胸黄色，雌鸟头和上体灰红褐色具黑色纵纹，下体白色或黄色，胸和两胁具黑色纵纹。分布于中国、俄罗斯、日本、朝鲜等国。

(37) 苇鹀 (*Emberiza pallasi*)

体小型（13～15 cm），头顶、头侧、颏、喉一直到上胸中央黑色，其余下体乳白色，自下嘴基沿喉侧有一条白带，上嘴形直而非“凸”形，尾较长。分布于俄罗斯、朝鲜以及东北、西北、华北、华中、华东等地。

(38) 芦鹀 (*Emberiza schoeniclus*)

体小型（15～17 cm），雄鸟头部黑而无眉纹；颈圈和颧纹白色；上体栗黄，具黑色纵纹；翅上小覆羽栗色。雌鸟头部赤褐色，具眉纹。体羽似麻雀，外侧尾羽有较多的白色。具显著的白色下髭纹。分布于欧洲、中国、日本、中亚和印度西部。

（二）䴙䴘目 Podicipediformes

16．䴙䴘科 Podicipedidae

（39）凤头䴙䴘（*Podiceps cristatus*）

体大型（50 cm），具显著的深色羽冠，下体近白色，上体纯灰黑，颈具鬃毛状饰羽。广布于较大湖泊。

（40）黑颈䴙䴘（*Podiceps nigricollis*）

体中型（30 cm），前颈黑色，喙较角䴙䴘上扬，飞行时无白色翼覆羽。分布于内蒙古、东北。

（三）鹈形目 Pelecaniformes

17．鸬鹚科 Phalacrocoracidae

（41）鸬鹚（*Phalacrocorax carbo*）

体大型（72～87 cm），通体黑色，头颈具紫绿色光泽，两肩和翅具青铜色光彩，嘴角和喉囊黄绿色，眼后下方白色，繁殖期脸部有红色斑，头颈有白色丝状羽，下胁具白斑。分布于欧洲、亚洲、非洲、澳洲和北美。

（四）鹳形目 Ciconiiformes

18．鹭科 Ardeidae

（42）苍鹭

（*Ardea cinerea*）

体大型（92 cm），头、颈、胸及背白色，颈具黑色纵纹，余部灰色。广布全国。

19．鹮科 Threskiorothidae

（43）白琵鹭

（*Platalea leucorodia*）

体大型（85 cm），全身羽毛白色，嘴长直、扁阔似琵琶，颈、腿均长，腿下部裸露呈黑色。分布于东北、华北、西北地区。

（五）雁形目 Anseriformes

20．鸭科 Anatidae

（44）小天鹅

（*Cygnus columbianus*）

体大型（110～130 cm），颈长，羽毛白色，脚、蹼黑色，大天鹅嘴基的黄色延伸到鼻孔以下，小天鹅黄色仅限于嘴基的两侧，沿嘴缘不延伸到鼻孔以下。分布于东北、内蒙古、新疆北部及华北一带，在南方越冬，偶见于台湾。

（45）斑头雁

（*Anser indicus*）

体中型（62～85 cm），通体大都灰褐色，头和颈侧白色，头顶有二道黑色带斑，在白色头上极为醒目。于青海、西藏的沼泽和湖泊繁殖，冬季迁至中国中部及南部，数量较多。

（46）绿头鸭

（*Anas platyrhynchos*）

体中型（47～62 cm），上体黑褐色，腰和尾上覆羽黑色，两对中央尾羽亦为黑色，外侧尾羽白色。胸栗色。翅、两肋和腹灰白色，翼镜上下缘具宽的白边，飞行时极醒目。分布于东北，越冬在长江以南。

（47）琵嘴鸭

（*Anas clypeata*）

体中型（43～51 cm），雄鸭头至上颈暗绿色而具光泽，背黑色，背的两边以及外侧肩羽和胸白色，脚橙红色，嘴黑色，大而扁平，前端扩大成铲状。雌鸭较雄鸭略小。繁殖在新疆、黑龙江、吉林，越冬在西藏南部、云南、贵州、四川、长江中下游和东南沿海及台湾。

（48）鸳鸯
（*Aix galericulata*）

体中型（38～45 cm），雌雄异色，雄鸟嘴红色，脚橙黄色，头具冠羽，眼后有白色眉纹，雌鸟嘴黑色，脚橙黄色，头和上体灰褐色，眼周白色具细的白色眉纹。繁殖在东北北部、内蒙古，越冬在东南地区。

（49）鹊鸭
（*Bucephala clangula*）

体中型（32～69 cm），上体黑色，颈、胸、腹、两胁和体侧白色。嘴黑色，眼金黄色，脚橙黄色。飞行时头和上体黑色，下体白色，翅上有大型白斑。繁殖在东北大兴安岭地区，越冬在华北沿海、东南沿海和长江中下游。

（50）翘鼻麻鸭
（*Tadorna tadorna*）

体中型（52～63 cm），体羽大都白色，头和上颈黑色，具绿色光泽；嘴向上翘，红色，自背至胸有一条宽的栗色环带。肩羽和尾羽末端黑色，腹中央有一条宽的黑色纵带，其余体羽白色。分布于黑龙江、吉林、内蒙古、甘肃、青海和新疆。

(51) 赤麻鸭
(*Tadorna ferruginea*)

体中型（51～68 cm），全身赤黄褐色，翅上有明显的白色翅斑和铜绿色翼镜；嘴、脚、尾黑色；雄鸟有一黑色颈环。繁殖于亚洲中部和东部，越冬在日本、朝鲜半岛等地。

(52) 鸿雁 (*Anser cygnoides*)

体大型（90 cm），嘴黑色，体色浅灰褐色，头顶到后颈暗棕褐色，前颈近白色。远处看起来头顶和后颈黑色，前颈近白色。分布于中国、西伯利亚南部、中亚。

(53) 灰雁 (*Anser anser*)

体大型（70～90 cm），肥胖。嘴、脚肉色，上体灰褐色，下体污白色，飞行时双翼拍打用力，振翅频率高，脖子较长，有扁平的喙，边缘锯齿状。分布于欧洲北部、西伯利亚、中亚、俄罗斯远东和中国。

(54) 罗纹鸭 (*Anas falcata*)

体中型（40～52 cm），雄鸭头顶暗栗色，头侧、颈侧铜绿色，颏、喉白色，下体黑白相间波浪状细纹；尾下两侧各有一块三角形乳黄色斑。雌鸭较雄鸭略小，上体黑褐色，满布淡棕红色“U”形斑。下体棕白色，满布黑斑。分布于西伯利亚东部、俄罗斯远东、中国黑龙江省和吉林省。

(55) 绿翅鸭 (*Anas crecca*)

体中型（37 cm），嘴脚均为黑色。头至颈部深栗色，头顶两侧从眼开始有一条宽阔的绿色带斑一直延伸至颈侧，尾下覆羽黑色，两侧各有一黄色三角形斑。广泛分布于美洲、欧洲、亚洲和非洲等地。

(56) 凤头潜鸭 (*Aythya fuligula*)

体中型（40～47 cm），矮扁结实，头带特长羽冠，雄鸟亮黑色，腹部及体侧白。雌鸟深褐色，两胁褐色而羽冠短。尾下羽偶为白色。雌鸟有浅色脸颊斑。分布于黑龙江、吉林和内蒙古等地。

（57）普通秋沙鸭（*Mergus merganser*）

体大型（54～68 cm），雄鸟头和上颈黑褐色而具绿色金属光泽，枕部有黑褐色短冠羽，背黑色，翅上有大型白斑，腰和尾灰色。雌鸟头和上颈棕褐色，上体灰色，下体白色，冠羽短，棕褐色，喉白色，具白色翼镜，分布于欧洲北部、北美北部、中国西北和东北地区。

（六）隼形目 Falconiformes

21．鹗科 Pandionidae

（58）鹗（*Pandion haliaetus*）

体大型（51～64 cm），头部白色，头顶具有黑褐色的纵纹，上体为暗褐色，略微具有紫色的光泽。下体为白色，虹膜淡黄色或橙黄色，嘴黑色，脚和趾黄色，爪黑色。亚洲、北美洲等各大洲均有分布。

22．鹰科 Accipitridae

（59）大鵟（*Buteo hemilasius*）

体大型（50～76 cm），头顶和后颈白色，各羽贯以褐色纵纹。头侧白色；有褐色髭纹，上体淡褐色，有3～9条暗色横斑，羽干白色；胸侧、下腹及两胁具褐色斑，尾下腹羽白色。虹膜黄褐色，嘴黑色，蜡膜黄绿色，跗跖和趾黄色，爪黑色。广布全国。

（60）松雀鹰（*Accipiter virgatus*）

体中型（28～38 cm），雄鸟上体黑灰色，喉白色，下体白色或灰白色，具褐色或棕红色斑，尾具4道暗色横斑。雌鸟个体较大，上体暗褐色，下体白色具暗褐色或赤棕褐色横斑。分布于内蒙古、陕西、辽宁、吉林、黑龙江、西藏、四川、云南、广西、广东、福建、台湾等地。

（61）毛脚鵟（*Buteo lagopus*）

体中型（51～60 cm），因丰厚的羽毛覆盖脚趾而得名，似普通鵟。上体呈暗褐色，下背和肩部常缀近白色的不规则横带。尾部覆羽常有白色横斑，圆而不分叉。分布于黑龙江、吉林、辽宁、新疆、云南、山东、江苏、福建等地。

（62）黑鸢（*Milvus migrans*）

体大型（54～69 cm），上体暗褐色，下体棕褐色，均具黑褐色羽干纹，尾较长，呈叉状，飞翔时翼下左右各有一块大的白斑。雌鸟显著大于雄鸟。分布于亚欧大陆、非洲、印度和澳大利亚。

（63）白腹鹞（*Circus spilonotus*）

体大型（50～60 cm），雄鸟头顶至上背白色，具宽阔的黑褐色纵纹。上体黑褐色，具污灰白色斑点，外侧覆羽、飞羽和尾银灰色，下体近白色，微缀皮黄色，喉和胸具黑褐色纵纹。雌鸟暗褐色，头顶至后颈皮黄白色，具锈色纵纹；飞羽暗褐色，尾羽黑褐色。分布于亚洲东部地区。

（64）白尾鹞（*Circus cyaneus*）

体中型（41～53 cm），雄鸟上体蓝灰色，翅尖黑色，尾上覆羽白色，腹、两胁和翅下覆羽白色，雌鸟上体暗褐色，尾上覆羽白色，下体皮黄白色或棕黄褐色，杂以粗的红褐色或暗棕褐色纵纹。分布于亚欧大陆和北美地区。

（65）雀鹰（*Accipiter nisus*）

体中型（30～41 cm），体型雌鸟较雄鸟略大，翅阔而圆，尾较长。雄鸟上体暗灰色，雌鸟灰褐色，头后杂有少许白色。雄鸟具细密的红褐色横斑，雌鸟具褐色横斑。广布于亚欧大陆。

（66）苍鹰

（*Accipiter gentilis*）

体大型（60 cm），头顶、枕和头侧黑褐色，枕部有白羽尖，眉纹白杂黑纹；背部棕黑色；胸以下密布灰褐和白相间的横纹；尾灰褐色，有 4 条宽阔黑色横斑，尾方形。雌鸟显著大于雄鸟。分布于整个北半球温带森林及寒带森林。

（67）普通鵟（*Buteo buteo*）

体大型（54 cm），体色变化较大，上体主要为暗褐色，下体主要为暗褐色或淡褐色，具深棕色横斑或纵纹，尾淡灰褐色，具多道暗色横斑，尾散开呈扇形。分布于中国、印度、日本、朝鲜、蒙古国、尼泊尔、巴基斯坦和俄罗斯。

23．隼科 Falconidae

（68）红隼（*Falco tinnunculus*）

体中型（30～36 cm），翅狭长而尖，尾亦较长，雄鸟头蓝灰色，背和翅上覆羽砖红色，具三角形黑斑；下体颏、喉乳白色，其余乳黄色或棕黄色，具黑褐色纵纹和斑点。雌鸟上体从头至尾棕红色，具黑褐色纵纹和横斑，下体乳黄色，脚、趾黄色，爪黑色。广泛分布于古北界。

（69）灰背隼（*Falco columbarius*）

体中型（25～33 cm），尾羽上具有宽阔的黑色亚端斑和较窄的白色端斑。成年雄性背部呈现蓝色并杂有黑斑，这是灰背隼独有的特点。分布于北京、内蒙古、辽宁、吉林、黑龙江、江苏、浙江、江西、山东、湖北、广东、云南、甘肃、新疆和西藏等地。

（七）鸡形目 Galliformes

24．松鸡科 Tetraonidae

（70）黑琴鸡
（*Tetrao tetrix*）

体中型（45～55 cm），喙短；翼短圆；脚强健；鼻孔和脚均被羽；雄鸟全身体羽黑色，头、颈、喉、下背具蓝绿色金属光泽。雌鸟全身体羽黄褐色，具黑褐色斑；颏、喉棕白色；尾羽叉状。分布于大兴安岭、小兴安岭、长白山区、天山山脉西部。

（71）花尾榛鸡
（*Bonasa bonasia*）

体中型（34～38 cm），喙短，呈圆锥形；翼短圆；脚强健；鼻孔和脚均被羽。雄鸟头上有短羽冠；上体大都棕灰色，具栗褐色横斑；颏和喉黑，下体暗棕褐色而杂以白色；雌鸟略同，但颏和喉大都棕白。分布于黑龙江、吉林、辽宁、大兴安岭以及新疆北部。

（72）黑嘴松鸡

（*Tetrao parvirostris*）

体中至大型（47～95 cm），喙短；翼短圆；脚强健；鼻孔和脚均有被羽。嘴、脚和趾黑色，雄鸟的羽色是黑褐色，头、颈部都有青紫色的金属光泽。雌鸟的羽毛大多是锈棕色，并闪烁着蓝色的光泽。分布于大兴安岭、小兴安岭和长白山区落叶松及松树林。

25．雉科 Phasianidae

（73）斑翅山鹑

（*Perdix dauuricae*）

体中型（25～31 cm），灰褐色鹑类。雄鸟的脸、喉中部及腹部橘黄色，腹中部有一倒“U”形黑色斑块。雌鸟胸部无橘黄色及黑色，但有“羽须”。分布于东北、华北和西北等中国北方大部分地区。

（74）环颈雉

（*Phasianus colchicus*）

体大型（90 cm），羽毛华丽，尾羽较长、中央尾羽尖长，呈灰黄色，具有对称黑色横斑。头顶灰褐色，缀铜绿色光泽，眉纹白色。颈部下方有一圈显著白色环纹。广布全国。

（75）石鸡
（*Alectoris chukar*）

体中型（27～37 cm），上体紫棕褐色，胸部灰色，腹部棕黄色，两胁各具10余条黑、栗色并列的横斑。眼的上方有一条宽宽的白纹。围绕头侧和黄棕色的喉部有完整的黑色环带。广布全国。

（八）鹤形目 Gruiformes

26. 鹤科 Gruidae

（76）灰鹤（*Grus grus*）

体大型（100～120 cm），颈、脚均甚长，全身羽毛大都灰色，头顶裸出皮肤鲜红色，眼后至颈侧有一灰白色纵带，脚黑色。繁殖于新疆、内蒙古、黑龙江、青海、甘肃、宁夏和四川；越冬于辽东半岛向西南经北京、山西、四川到云南一线以南。

（77）蓑羽鹤
（*Anthropoides virgo*）

体大型（68～92 cm），通体蓝灰色，眼先、头侧、喉和前颈黑色，眼后有一白色耳簇羽极为醒目。前颈黑色羽延长，悬垂于胸部。脚黑色，飞翔时翅尖黑色。繁殖于新疆、宁夏、内蒙古、黑龙江、吉林等地，越冬地为西藏南部。

27. 秧鸡科 Rallidae

(78) 白骨顶

(*Fulica atra*)

体中型（38～40 cm），嘴长度适中，高而侧扁。头具额甲，白色，端部钝圆。翅短圆，体羽全黑或暗灰黑色，多数尾下覆羽、白色。广泛分布于中国各地，繁殖在东北、河北北部、内蒙古、青海、新疆、西藏等地，在长江以南越冬。

（九）鸻形目 Charadriiformes

28. 反嘴鹬科 Recurvirostridea

(79) 黑翅长脚鹬

(*Himantopus himantopus*)

体中型（37 cm），细长的嘴黑色，两翼黑，腿红色，体羽白。颈背具黑色斑块。繁殖于新疆、青海、内蒙古、辽宁、吉林和黑龙江，在广东、香港和台湾越冬。

（80）反嘴鹬

（*Recurvirostra avosetta*）

体中型（38～45 cm），背部有醒目的黑色和白色标志，腹部灰白色，黑色的嘴细长而上翘。分布于新疆、内蒙古、辽宁、吉林等地，越冬于西藏南部、广东、福建和香港等南部沿海地区。

29．鸻科 Charadriidae

（81）凤头麦鸡

（*Vanellus vanellus*）

体中型（32 cm），头顶黑色，有长而向前反曲的黑色羽冠。后颈暗褐色，颈侧白色，喉和前颈黑色。尾白而具宽的黑色次端带。分布于新疆、青海、内蒙古、甘肃、东北等地，在长江以南、四川、西藏、台湾越冬。

（82）金眶鸻

（*Charadrius dubius*）

体小型（16 cm），上体沙褐色，下体白色。有明显的白色领圈，其下有明显的黑色领圈，眼后白斑向后延伸至头顶。广布全国。

（83）蒙古沙鸻
（*Charadrius mongolus*）

体小型（20 cm），上体灰褐色；下体包括颏、喉、前颈、腹部白色，翅形尖长。广布全国。

（84）剑鸻（*Charadrius hiaticula*）

体小型（18～24 cm），额基黑色，具有白色颈圈和完整的黑色胸带。趾间具蹼，翅形尖长，尾形短圆，尾羽 12 枚。分布于亚欧大陆北部。

30．鹬科 Scolopacidae

（85）白腰杓鹬（*Numenius arquata*）

体大型（57～62 cm），顶和上体淡褐色；头、颈、上背具黑褐色羽轴纵纹；颈与前胸淡褐色，具细的褐色纵纹；下背、腰及尾上覆羽白色；尾羽白色，具黑褐色细横纹；下腹及尾下覆羽白色。分布于亚欧大陆北部。

（86）矶鹬
（*Tringa hypoleucos*）

体小型（16～20 cm），嘴、脚均较短，嘴暗褐色，脚淡黄褐色具白色眉纹和黑色过眼纹。上体黑褐色，下体白色。繁殖于中国西北及东北，冬季在南部沿海、河流及湿地越冬。

（87）红脚鹬（*Tringa totanus*）

体中型（28 cm），上体褐灰，下体白色，胸具褐色纵纹。繁殖于东北地区，为夏候鸟和冬候鸟；春季于3—4月迁到东北繁殖地，秋季于9—10月迁离繁殖地。

（88）小杓鹬

（*Numenius minutus*）

体中型（30 cm），是体型最小的杓鹬。头顶黑褐色，具较细的中央冠纹。穿眼纹黑褐色，眉纹淡黄色。背、肩羽黑色，密布淡黄色羽缘斑。腹白色，两肋具黑褐色斑。分布于内蒙古、黑龙江、福建、台湾、广东等地。

（89）林鹬

（*Tringa glareola*）

体小型（20 cm），纤细，褐灰色，腹部及臀偏白，腰白。上体灰褐色而极具斑点；眉纹长，白色；尾白而具褐色横斑。繁殖于内蒙古东北部、黑龙江、吉林、辽宁及新疆西部，越冬于海南岛和台湾。

（90）青脚鹬（*Tringa nebularia*）

体中型（30～35 cm），上体灰黑色，有黑色轴斑和白色羽缘。下体白色，前颈和胸部有黑色纵斑。嘴微上翘，腿长、近绿色。分布于中国大部分地区。

31．鸥科 Laridae

（91）银鸥

（*Larus argentatus*）

体中型（60 cm），体型厚重，头部平坦。夏羽头、颈和下体纯白色，背与翼上银灰色。冬羽头和颈具褐色细纵纹。繁殖于新疆和内蒙古东北部、黑龙江西北部；越冬于长江流域，西抵四川，南至广西、广东、福建、香港和台湾。

（92）红嘴鸥（*Larus ridibundus*）

体中型（37～43 cm），嘴和脚皆呈红色，身体大部分的羽毛是白色，尾羽黑色。脚和趾赤红色，冬时转为橙黄色；爪黑色。分布于欧洲和中亚大部分地区，俄罗斯和东北。

32．燕鸥科 Glareolidae

（93）白额燕鸥

（*Sterna albifrons*）

体小型（22～27 cm），夏羽头顶、颈背及贯眼纹黑色，额白。冬羽头顶及颈背的黑色减少，呈黑色月牙形。繁殖地为从东北至西南包括华南沿海和海南。

（94）普通燕鸥（*Sterna hirundo*）

体中型（35 cm），头顶部黑色，背、肩和翅上覆羽鼠灰色或蓝灰色。颈、腰、尾上覆羽和尾白色。外侧尾羽延长，黑色。下体白色，胸、腹沾葡萄灰褐色，尾呈深叉状。分布于河北、湖北、陕西、福建等地。

（95）白翅浮鸥（*Chlidonias leucopterus*）

体中型（20～26 cm），夏羽嘴暗红色，脚红色。头、颈和下体黑色。翼灰色，翼上小覆羽、腰、尾为白色。冬羽嘴黑色，脚暗红色，头、颈和下体白色，头顶和枕有黑斑并与眼后黑斑相连，且延伸至眼下。背和两翅灰褐色，翅尖暗色。分布于欧洲南部、亚洲中东部、澳大利亚。

（十）鸽形目 Columbiformes

33．鸠鸽科 Columbidae

（96）山斑鸠
（*Streptopelia orientalis*）

体中型（32 cm），嘴、爪平直或稍弯曲，颈和脚均较短，胫全被羽。上体的深色扇贝斑纹、体羽羽缘棕色，腰灰色，尾羽近黑色，尾梢浅灰色。下体多偏粉色，脚红色。广布全国。

（十一）鹃形目 Cuculiformes

34．杜鹃科 Cuculidae

（97）大杜鹃（*Cuculus canorus*）

体中型（32 cm），雄鸟上体纯暗灰色；两翅暗褐，翅缘白而杂以褐斑；尾黑，先端缀白；下体白色，杂以黑褐色横斑。雌雄外形相似，雌鸟上体灰色沾褐，胸呈棕色。分布于中国西部和南部、印度、尼泊尔、缅甸、泰国。

（十二）鸮形目 Strigiformes

35. 鸱鸮科 Strigidae

（98）雪鸮
（*Bubo scandiaca*）

体大型（52～71 cm），头圆而小，面盘不显著，没有耳羽簇。虹膜金黄色，嘴铅灰色或角褐色，爪基灰色，末端黑色。羽雪白色，有时布满暗色的横斑。繁殖在北极和西伯利亚，越冬时可见于中国北方部分地区。

（99）短耳鸮（*Asio flammeus*）

体中型（38～40 cm），翼长，面庞显著，耳羽短小不外露，眼为光艳的黄色，眼圈暗色。上体黄褐，满布黑色和皮黄色纵纹；下体皮黄色，具深褐色纵纹。繁殖于内蒙古东部大兴安岭、黑龙江、辽宁；冬季几乎遍布于中国各地。

（100）长尾林鸮（*Strix uralensis*）

体中型（45～54 cm），头部较圆，没有耳簇羽，面盘显著，为灰白色，具细的黑褐色羽干纹。皱领也很显著。体羽大多为浅灰色或灰褐色，有暗褐色条纹，下体的条纹特别延长，只有纵纹，没有横斑。尾羽较长，稍呈圆形。分布于黑龙江、内蒙古东北部、北京、辽宁、吉林、河南、四川、青海和新疆等地。

（101）乌林鸮（*Strix nebulosa*）

体大型（56～65 cm），头大，无耳簇羽，面盘显著，呈圆形，淡灰色，其上被有同心的暗色圆环和新月形白斑。上体暗灰褐色，具暗色和白色斑点；下体白色或灰白色，具宽的褐色纵纹。分布于黑龙江、内蒙古等地。

（102）**纵纹腹小鸮**（*Athene noctua*）

体中型（23 cm），无耳羽簇。头顶平，眼亮黄，上体褐色，具白纵纹及点斑。下体白色，具褐色杂斑及纵纹，肩上有2道白色横斑，虹膜亮黄色，嘴角质黄色，脚白色、被羽，爪黑褐色。分布于新疆、西藏、甘肃、青海、北京、河北、内蒙古、辽宁、吉林、黑龙江、河南、陕西、宁夏等地。

（十三）佛法僧目 Coraciiformes

36．戴胜科 Upupidae

（103）**戴胜**
（*Upupa epops*）

体中型（26～28 cm），头、颈、胸淡棕栗色，头顶具凤冠状羽冠；嘴形细长黑色。腹及两胁由淡葡萄棕转为白色，脚铅黑色。广布全国。

（十四）䴕形目 Piciformes

37．啄木鸟科 Picidae

（104）**蚁䴕**（*Jynx torquilla*）

体小型（17 cm），体羽斑驳杂乱，下体具小横斑。嘴相对较短，呈圆锥形。脚较短，同其他啄木鸟类一样，为对趾型：两趾向前，两趾向后。虹膜淡褐色；脚褐色。分布于华中、华北及东北地区。

（105）大斑啄木鸟（*Picoides major*）

体小型（20～25 cm），上体主要为黑色，肩和翅上各有一块大的白斑，尾黑色。下体污白色，无斑；下腹和尾下覆羽鲜红色。雄鸟枕部红色。分布于新疆、内蒙古、黑龙江、吉林、辽宁、青海、浙江、福建、广东、广西和海南等地。

（106）灰头绿啄木鸟
（*Picus canus*）

体中型（27 cm），雄鸟上体背部绿色，腰部和尾上覆羽黄绿色，额部和顶部红色，枕部灰色并有黑纹。下体灰绿色。雌雄相似，但雌鸟头顶和额部非红色。广布全国。

二、内蒙古额尔古纳国家湿地公园鸟类物种组成分析

由表 4-11 可知，已知种类中，雀形目（Passeriformes）为优势类群，共 15 科 38 种，分别占科、种总数量的 40.54%和 35.85%；其次是鸻形目（Charadriiformes），共 5 科 17 种，分别占科、种总数量的 13.52%和 16.04%；再次为雁形目（Anseriformes），共 1 科 14 种，分别占科、种总数量的 2.7%和 13.21%。隼形目（Falconiformes）共 3 科 12 种，分别占科、种总数量的 8.11%和 11.32%，鸡形目（Galliformes）为 2 科 6 种，分别占科、种总数量的 5.41%和 5.66%，鸮形目（Strigiformes）共 1 科 5 种，分别占科、种总数量的 2.7%和 4.72%，鹤形目（Gruiformes）共 2 科 3 种，分别占科、种总数量的 5.41%和 2.83%，䴕形目（Piciformes）共 1 科 3 种，分别占科、种

总数量的 2.7%和 2.83%，鹳形目（Ciconiiformes）共 2 科 2 种，分别占科、种总数量的 5.41%和 1.89%，䴙䴘目（Podicipediformes）为 1 科 2 种，分别占科、种总数量的 2.7%和 1.89%，鹃形目（Cuculiformes）、鹈形目（Pelecaniformes）、鸽形目（Columbiformes）和佛法僧目（Coraciiformes）均为 1 科 1 种，分别占科、种总数量的 2.7%和 0.94%。

表 4-11　内蒙古额尔古纳国家湿地公园鸟类物种组成

目名	科数/个	比例/%	种数/个	比例/%
雀形目 Passeriformes	15	40.54	38	35.85
鸻形目 Charadriiformes	5	13.52	17	16.04
雁形目 Anseriformes	1	2.70	14	13.21
鸡形目 Galliformes	2	5.41	6	5.66
隼形目 Falconiformes	3	8.11	12	11.32
鹤形目 Gruiformes	2	5.41	3	2.83
鹳形目 Ciconiiformes	2	5.41	2	1.89
䴙䴘目 Podicipediformes	1	2.70	2	1.89
鸮形目 Strigiformes	1	2.70	5	4.72
䴕形目 Piciformes	1	2.70	3	2.83
鹃形目 Cuculiformes	1	2.70	1	0.94
鸽形目 Columbiformes	1	2.70	1	0.94
佛法僧目 Coraciiformes	1	2.70	1	0.94
鹈形目 Pelecaniformes	1	2.70	1	0.94
合计	37	100	106	100

三、内蒙古额尔古纳国家湿地公园鸟类区系成分

以鉴定出的 14 目 37 科 106 种鸟类为样本，对其区系成分构成及分布特征进行分析[14]，分布型划分依据《中国动物地理》，保护等级划分依据国家一级重点保护野生动物名录、国家二级重点保护野生动物名录和国家保护的有益的或者有重要经济、科学研究价值的陆生野生动物名录[15]。分析结果如表 4-12 所示。

表 4-12　内蒙古额尔古纳国家湿地公园鸟类名录

序号	目、科、种	保护等级	居留型	分布型
	一、雀形目 Passeriformes			
	（一）百灵科 Alaudidae			
1	1. 云雀 *Alauda arvensis*	Ⅱ	R	中亚型
2	2. 蒙古百灵 *Melanocorypha mongolica*	Ⅱ	S	古北型
	（二）鹡鸰科 Motacillidae			
3	1. 黄头鹡鸰 *Motacilla citreola*	※	S	古北型
4	2. 灰鹡鸰 *Motacilla cinerea*	※	S	古北型
5	3. 田鹨 *Anthus richardi*	※	S	东北型
	（三）太平鸟科 Bombycillidae			
6	1. 太平鸟 *Bombycilla garrulus*	※	W	全北型
	（四）伯劳科 Laniidae			
7	1. 荒漠伯劳 *Lanius isabellinus*	※	S	古北型
8	2. 红尾伯劳 *Lanius cristatus*	※	S	东北—华北型
	（五）椋鸟科 Sturnidae			
9	1. 灰椋鸟 *Sturnus cineraceus*	※	S	东北—华北型
10	2. 紫翅椋鸟 *Sturnus vulgaris*	※	P	古北型
	（六）鸦科 Corvidae			
11	1. 喜鹊 *Pica pica*	※	R	全北型
12	2. 松鸦 *Garrulus glandarius*	※	R	古北型
13	3. 达乌里寒鸦 *Corvus dauuricus*	※	R	古北型
14	4. 灰喜鹊 *Cyanopica cyanus*	※	R	古北型
	（七）鸫科 Turdidae			
15	1. 北红尾鸲 *Phoenicurus auroreus*	※	S	东北型
16	2. 斑鸫 *Turdus eunomus*	※	P	东北型
17	3. 田鸫 *Turdus pilaris*	※	P	东北型
	（八）鹟科 Muscicapidae			
18	1. 红喉姬鹟 *Ficedula albicilla*	※	S	古北型

序号	目、科、种	保护等级	居留型	分布型
	（九）鸦雀科 Panuridae			
19	1. 文须雀 *Panurus biarmicus*	※	R	地中海—中亚型
20	2. 灰头鸦雀 *Paradoxornis gularis*	※	R	东洋型
	（十）莺科 Sylviidae			
21	1. 黄腰柳莺 *Phylloscopus proregulus*	※	P	古北型
22	2. 黄眉柳莺 *Phylloscopus inornatus*	※	S	古北型
23	3. 极北柳莺 *Phylloscopus borealis*	※	S	古北型
	（十一）长尾山雀科 Aegithalidae			
24	1. 银喉长尾山雀 *Aegithalos caudatus*	※	R	古北型
	（十二）山雀科 Paridae			
25	1. 沼泽山雀 *Parus palustris*	※	R	古北型
26	2. 大山雀 *Parus major*	※	R	欧亚热带—温带型
	（十三）雀科 Ploceidae			
27	1. 树麻雀 *Passer montanus*	※	R	古北型
	（十四）燕雀科 Fringillidae			
28	1. 燕雀 *Fringilla montifringilla*	※	P	古北型
29	2. 普通朱雀 *Carpodacus erythrinus*	※	S	古北型
30	3. 白腰朱顶雀 *Carduelis flammea*	※	W	全北型
31	4. 极北朱顶雀 *Carduelis hornemanni*	※	W	全北型
32	5. 黄雀 *Carduelis spinus*	※	S	古北型
33	6. 红腹灰雀 *Pyrrhula pyrrhula*	※	W	古北型
34	7. 锡嘴雀 *Coccothraustes coccothraustes*	※	R	古北型
35	8. 北朱雀 *Carpodacus roseus*	Ⅱ	W	东北型
	（十五）鹀科 Emberizidae			
36	1. 灰头鹀 *Emberiza spodocephala*	※	S	东北型
37	2. 苇鹀 *Emberiza pallasi*	※	S	东北型
38	3. 芦鹀 *Emberiza schoeniclus*	※	S	古北型

序号	目、科、种	保护等级	居留型	分布型
	二、䴙䴘目 Podicipediformes			
	（十六）䴙䴘科 Podicipedidae			
39	1. 凤头䴙䴘*Podiceps cristatus*	※	S	旧大陆温带型
40	2. 黑颈䴙䴘*Podiceps nigricollis*	Ⅱ	S	全北型
	三、鹈形目 Pelecaniformes			
	（十七）鸬鹚科 Phalacrocoracidae			
41	1. 鸬鹚 *Phalacrocorax carbo*	※	S	旧大陆温带型
	四、鹳形目 Ciconiiformes			
	（十八）鹭科 Ardeidae			
42	1. 苍鹭 *Ardea cinerea*	※	S	古北型
	（十九）鹮科 Threskiorothidae			
43	1. 白琵鹭 *Platalea leucorodia*	Ⅱ	S	旧大陆热带—温带型
	五、雁形目 Anseriformes			
	（二十）鸭科 Anatidae			
44	1. 小天鹅 *Cygnus columbianus*	Ⅱ	P	全北型
45	2. 斑头雁 *Anser indicus*	Ⅱ	S	东北型
46	3. 绿头鸭 *Anas platyrhynchos*	※	S	古北型
47	4. 琵嘴鸭 *Anas clypeata*	※	S	高地型
48	5. 鸳鸯 *Aix galericulata*	※	S	古北型
49	6. 鹊鸭 *Bucephala clangula*	※	S	古北型
50	7. 翘鼻麻鸭 *Tadorna tadorna*	※	S	东北型
51	8. 赤麻鸭 *Tadorna ferruginea*	Ⅱ	S	全北型
52	9. 鸿雁 *Anser cygnoides*	※	S	全北型
53	10. 灰雁 *Anser anser*	※	S	全北型
54	11. 罗纹鸭 *Anas falcata*	※	S	古北型
55	12. 绿翅鸭 *Anas crecca*	※	S	全北型
56	13. 凤头潜鸭 *Aythya fuligula*	※	S	全北型
57	14. 普通秋沙鸭 *Mergus merganser*	Ⅱ	S	东北型

序号	目、科、种	保护等级	居留型	分布型
	六、隼形目 Falconiformes			
	（二十一）鹗科 Pandionidae			
58	1. 鹗 *Pandion haliaetus*	Ⅱ	S	全北型
	（二十二）鹰科 Accipitridae			
59	1. 大鵟 *Buteo hemilasius*	Ⅱ	S	古北型
60	2. 松雀鹰 *Accipiter virgatus*	Ⅱ	S	东北型
61	3. 毛脚鵟 *Buteo lagopus*	Ⅱ	S	全北型
62	4. 黑鸢 *Milvus migrans*	Ⅱ	S	东洋型
63	5. 白腹鹞 *Circus spilonotus*	Ⅱ	S	古北型
64	6. 白尾鹞 *Circus cyaneus*	Ⅱ	S	全北型
65	7. 雀鹰 *Accipiter nisus*	Ⅱ	S	古北型
66	8. 苍鹰 *Accipiter gentilis*	Ⅱ	R	中亚型
67	9. 普通鵟 *Buteo buteo*	Ⅱ	W	全北型
	（二十三）隼科 Falconidae			
68	1. 红隼 *Falco tinnunculus*	Ⅱ	R	旧大陆热带—温带型
69	2. 灰背隼 *Falco columbarius*	Ⅱ	P	全北型
	七、鸡形目 Galliformes			
	（二十四）松鸡科 Tetraonidae			
70	1. 黑琴鸡 *Lyrurus tetrix*	Ⅰ	R	古北型
71	2. 花尾榛鸡 *Bonasa bonasia*	Ⅱ	R	古北型
72	3. 黑嘴松鸡 *Tetrao parvirostris*	Ⅰ	R	东北型
	（二十五）雉科 Phasianidae			
73	1. 斑翅山鹑 *Perdix dauurica*	※	R	中亚型
74	2. 环颈雉 *Phasianus colchicus*	※	R	中亚型
75	3. 石鸡 *Alectoris chukar*	※	R	中亚型
	八、鹤形目 Gruiformes			
	（二十六）鹤科 Gruidae			
76	1. 灰鹤 *Grus grus*	Ⅱ	S	中亚型

序号	目、科、种	保护等级	居留型	分布型
77	2. 蓑羽鹤 *Anthropoides virgo*	Ⅱ	S	古北型
	（二十七）秧鸡科 Rallidae			
78	1. 白骨顶 *Fulica atra*	※	S	古北型
	九、鸻形目 Charadriiformes			
	（二十八）反嘴鹬科 Recurvirostridea			
79	1. 黑翅长脚鹬 *Himantopus himantopus*	※	S	环球热带—温带型
80	2. 反嘴鹬 *Recurvirostra avosetta*	※	S	地中海—中亚型
	（二十九）鸻科 Charadridae			
81	1. 凤头麦鸡 *Vanellus vanellus*	※	S	古北型
82	2. 金眶鸻 *Charadrius dubius*	※	S	旧大陆热带—温带型
83	3. 蒙古沙鸻 *Charadrius mongolus*	※	P	中亚型
84	4. 剑鸻 *Charadrius hiaticula*	※	P	全北型
	（三十）鹬科 Scolopacidae			
85	1. 林鹬 *Tringa glareola*	Ⅱ	P	东北型
86	2. 矶鹬 *Actitis hypoleucos*	Ⅱ	S	古北型
87	3. 红脚鹬 *Tringa totanus*	※	S	古北型
88	4. 小杓鹬 *Numenius minutus*	※	P	古北型
89	5. 白腰杓鹬 *Numenius arquata*	※	S	古北型
90	6. 青脚鹬 *Tringa nebularia*	※	S	古北型
	（三十一）鸥科 Laridae			
91	1. 银鸥 *Larus argentatus*	※	S	全北型
92	2. 红嘴鸥 *Larus ridibundus*	※	S	古北型
	（三十二）燕鸥科 Glareolidae			
93	1. 白额燕鸥 *Sterna albifrons*	※	S	全北型
94	2. 普通燕鸥 *Sterna hirundo*	※	S	环球热带—温带型
95	3. 白翅浮鸥 *Chlidonias leucopterus*	※	S	古北型
	十、鸽形目 Columbiformes			
	（三十三）鸠鸽科 Columbidae			
96	1. 山斑鸠 *Streptopelia orientalis*	※	S	季风区型

序号	目、科、种	保护等级	居留型	分布型
	十一、鹃形目 Cuculiformes			
	（三十四）杜鹃科 Cuculidae			
97	1. 大杜鹃 *Cuculus canorus*	※	S	旧大陆广布型
	十二、鸮形目 Strigiformes			
	（三十五）鸱鸮科 Strigidae			
98	1. 雪鸮 *Nyctea scandiaca*	Ⅱ	W	全北型
99	2. 短耳鸮 *Asio flammeus*	Ⅱ	R	古北型
100	3. 长尾林鸮 *Strix uralensis*	Ⅱ	R	全北型
101	4. 乌林鸮 Strix *nebulosa*	Ⅱ	R	古北型
102	5. 纵纹腹小鸮 *Athene noctua*	Ⅱ	S	全北型
	十三、佛法僧目 Coraciiformes			
	（三十六）戴胜科 Upupiformes			
103	1. 戴胜 *Upupa epops*	※	S	旧大陆广布型
	十四、䴕形目 Passeriformes			
	（三十七）啄木鸟科 Picidae			
104	1. 蚁䴕*Jynx torquilla*	※	S	古北型
105	2. 大斑啄木鸟 *Picoides major*	※	R	古北型
106	3. 灰头绿啄木鸟 *Picus canus*	※	R	古北型

注：居留类型——S 为夏候鸟；W 为冬候鸟；P 为旅鸟；R 为留鸟。保护级别——Ⅰ为国家一级重点保护鸟类；Ⅱ为国家二级重点保护鸟类；※为列入国家保护的有益的或者有重要经济、科学研究价值的野生动物名录的鸟类。

（一）内蒙古额尔古纳国家湿地公园鸟类居留型的分析

以夏候鸟（63 种）占绝对优势，其种数占总种数的 59.43%；其次为留鸟 25 种，其种数占总种数的 23.59%；旅鸟 11 种，其种数占总种数的 10.38%；冬候鸟 7 种，其种数占总种数的 6.6%。

（二）内蒙古额尔古纳国家湿地公园鸟类在动物地理区划中的归属

以古北型（46 种）为主要分布型，其数量占总数的 43.4%；其次为全北型，22 种，其数量占总数的 20.76%；东北型 13 种，其数量占总数的 12.26%；中亚型 7 种，其数量占总数的 6.6%；旧大陆热带—温带型 3 种，其数量占总数的 2.83%；地中海—中亚型、东北—华北型、旧大陆广布型、旧大陆温带型、东洋型和环球热带—温带型各 2 种，其数量均占总数的 1.89%；高地型、季风区型和欧亚热带—温带型各 1 种，其数量均占总数的 0.94%。

（三）内蒙古额尔古纳国家湿地公园鸟类保护等级的分析

以斑翅山鹑、雉鸡为代表的国家保护的有益的或者有重要经济、科学研究价值的野生动物为主，共 73 种，占总数的 68.87%；国家一级重点保护鸟类只有黑嘴松鸡、黑琴鸡 2 种，占总数的 1.89%；国家二级重点保护鸟类有云雀、蒙古百灵等 31 种，占总数的 29.24%。

第六节　兽类

兽类是体表被毛，恒温，能快速运动，胎生哺乳的高等脊椎动物，兽类对周围环境有着高度的适应性，是内蒙古额尔古纳国家湿地公园内的重要生物资源。

调查区兽类调查主要采用访问法、红外触发相机拍摄法、资料收集法进行。

红外触发相机拍摄法：主要用于调查大中型兽类。当兽类从装置前方经过时，红外相机能自动感应识别动物，并通过拍摄照片或录制视频进行记录。访问法：考虑到在调查过程中看见兽类物种的可能性较低，本次调查对情况较熟悉的护林员、居民，或有经验的猎户进行访谈，通过图鉴照片指认对比，收集物种被发现或被捕获的数据。资料收集法：除访问法外，还需资料收集。调查结果显示，内蒙古额尔古纳国家湿地公园全境共记录兽类 26 种，分属 5 目 12 科[16]。

一、内蒙古额尔古纳国家湿地公园兽类名录

（一）啮齿目 Rodentla

1．仓鼠科 Circetidae

（1）黑线仓鼠（*Cricetulus barabensis*）

体型小，外表肥壮，粗短，头较圆，吻短钝。耳短圆，具白色毛边，尾极短小，后足短小，背部毛色因地区不同变化较大。分布于黑龙江、吉林、辽宁、内蒙古、宁夏、山西、山东、河南、安徽、江苏等地。

（2）红背䶄（*Myodes rutilus*）

体型中等，尾毛密，尾端笔毛长，耳小，但露出毛被外。背毛为鲜艳的赭褐色或棕红色，头顶至臀部毛色一致。腹毛灰白色，尾二色明显，尾上面黄褐色或灰褐色，底面淡黄。脚背灰白色。分布于东北、内蒙古和新疆。

（3）林旅鼠（*Myopus schisticolor*）

外貌似田鼠，头较大，耳朵圆，脚细长，前、后足均5指（趾），但后足第5趾较小，吻部、头顶、头侧、耳朵、颈侧、躯干为青灰色。毛尖银灰，毛基黑色。四肢、脚背黑褐色。腹毛银灰色。尾二色明显，尾背面黑褐色，尾底面牙白色，有银灰色光泽。分布于黑龙江、内蒙古等地。

（4）麝鼠（*Zibethius ondatra*）

个体大，身体粗硕。头短而粗，嘴钝圆。颈不明显，耳短，毛浓密，毛长而细，眼小。尾巴极长，尾侧扁，前、后脚均5指（趾）。指均具爪。会阴腺发达，背毛棕褐或棕黄色。体侧稍浅。腹毛浅棕灰色，毛基青灰色。四肢棕褐色。分布于华北、东北、西北、华中、华南、华东等地区。

2．鼠科 Muridae

（5）褐家鼠（*Rattus norvegicus*）

中型鼠类，体粗壮，尾长明显短于体长。尾毛稀疏，耳短而厚，背毛棕褐色或灰褐色，腹毛灰色，略带污白。尾二色，上面灰褐色，下面灰白色。分布广泛。

3. 松鼠科 Sciuridae

（6）松鼠（*Sciurus vulgaris*）

耳朵上不具有长毛簇，色偏灰黄，冬季背毛黑而腹白，夏毛灰间棕红色。分布于中国西北和东北地区。

（7）蒙古旱獭（*Marmota bobak*）

体型最大，体长而肥，四肢短粗，头短而宽，颈粗，耳壳短小，背部毛色呈黄褐或淡褐色，腹部土黄色。分布于新疆北部和内蒙古中、东部的草原区。

（8）达乌尔黄鼠（*Spermophilus pallidicauda*）

中等大小。头大，眼大，体粗胖。尾短，不及体长的三分之一，尾端毛蓬松，体背毛棕黄褐色。为群体散居性动物。分布于中国北部草原和半荒漠等干旱地区。

（9）花鼠（*Tamias sibiricus*）

体型中等，尾长，尾毛长而蓬松，呈帚状，并伸向两侧，四肢略长，体背有数条明暗相间的平行纵纹，耳壳明显露出毛被外。分布于黑龙江、吉林、辽宁、内蒙古、新疆、河北、山西、陕西、甘肃、青海、四川、河南。

4. 鼹形鼠科 Spalacidae

（10）东北鼢鼠（*Myospalax psilurus*）

体型圆粗，颈、胸、腰无明显区别。头吻宽扁，利于掘推土壤，背毛黄褐色，毛尖铁锈红色，毛基深灰色。分布于河北、山东、内蒙古、辽宁、吉林和黑龙江等地。

（二）偶蹄目 Artiodactyla

5. 鹿科 Cervidae

（11）西伯利亚狍（*Capreolus pygargus*）

体型适中，雄性长有角，雌性没有角，角短而直，角柄分两叉，四肢细长，尾甚短，冬毛紧密且厚。毛基是牵牛紫色，毛尖端黑色，中间一小段棕黄色，毛色均匀有光泽。臀部为一白色大斑。夏季毛短，毛色单纯，从嘴到尾巴包括四肢的背侧都是纯棕黄色，腹部从胸至鼠鼷部包括四肢的内侧都是淡黄色，耳内和下颏白色，耳背为棕褐色。分布于内蒙古、黑龙江、吉林、辽宁、河北、山东、河南、山西、陕西、新疆、青海、四川、甘肃等地。

6．猪科 Suidae

（12）野猪（*Sus scrofa*）

体中型，具双层毛皮，整体毛色呈深褐色或黑色，顶层由较硬的刚毛组成，底层下面有一层柔软的细毛。皮毛颜色从棕色、黑色、红色或深灰色不同，头部和前端较大，后部较小。四肢粗短，头较长，耳小并直立，犬齿发达。除青藏高原与戈壁沙漠外，中国广布。

（三）食肉目 Carnivora

7．猫科 Felidae

（13）猞猁（*Lynx lynx*）

体中型。身体粗壮，四肢较长，尾极短粗，尾尖呈钝圆。耳尖具黑色耸立簇毛，两颊有下垂的长毛，脊背的颜色较深，呈红棕色，腹部淡，呈黄白色，尾端一般纯黑色或褐色，胸、腹为一致的污白色或乳白色。分布于新疆、西藏、青海、甘肃、内蒙古、河北的山区。

8．犬科 Canidae

（14）狼（*Canis lupus*）

体型中等、匀称，四肢修长，趾行性，头腭尖形，颜面部长，鼻端凸出，耳尖且直立。犬齿及裂齿发达；尾多毛，较发达。外形与狗、豺相似，多毛色，棕黄或灰黄色，略混黑色，下部带白色。分布于30°N以北地区，基本上呈块状分布。

（15）赤狐（*Vulpes vulpes*）

体型最大的狐狸，体型纤长。吻尖而长，耳较大，高而尖，直立。四肢较短，尾较长，毛色因季节和地区不同而有较大变异，一般背面棕灰色或棕红色，腹部白色或黄白色，尾尖白色，耳背面黑色或黑褐色，四肢外侧黑色条纹延伸至足面。雄性略大。分布广泛。

9. 鼬科 Mustelidae

（16）紫貂（*Martes zibellina*）

中小型兽类，躯体细长，四肢较短。头形狭长，耳短而圆，嗅觉、听觉灵敏。犬齿较发达，裂齿较小；上臼齿横列，内叶较外叶宽；臼齿齿冠直径大于外侧门齿高度。体毛柔软，无斑纹。前后足均5指（趾）；爪锋利，不可伸缩。广泛分布于东北地区。

（17）小艾鼬（*Mustela amurensis*）

明显小于艾鼬，背毛平齐，肩背部针毛长度几乎一致。毛色为鲜明的黄褐色。分布于小兴安岭丘陵及草原地区。

（18）黄鼬（*Mustela sibirica*）

体型中等，身体细长。头细，颈较长。耳壳短而宽，稍凸出于毛丛。尾长约为体长之半。冬季尾毛长而蓬松，夏秋毛绒稀薄，尾毛不散开。四肢较短，均具5趾，肛门腺发达。周身皮毛棕黄色或橙黄色。在中国广泛分布。

（19）水獭（*Lutra lutra*）

躯体长，呈扁圆形。头部宽而稍扁，吻短，眼睛稍凸而圆。耳朵小，外缘圆形，着生位置较低。四肢短，趾（指）间具蹼。体毛较长而密，通体背部均为咖啡色，有油亮光泽；腹面毛色较淡，呈灰褐色。广泛分布于中国各省、自治区。

（四）兔形目 Lagomorpha

10. 鼠兔科 Ochotonidae

（20）东北鼠兔（*Ochotona hyperborea*）

体型短粗，四肢短小，后肢略长于前肢，爪尖锐。夏毛背面暗棕色，两侧红棕色，腹面为灰棕色；冬毛颜色较灰，头部与背前部灰色，仅杂有少量棕灰色毛，体侧与臀部为浅棕色，腹面淡棕色。分布于内蒙古、黑龙江、吉林、辽宁等地。

11．兔科 Leporidae

（21）**蒙古兔**（*Lepus tolai*）

体型中等，为中国野兔尾最长的种类，尾背中央有一条长而宽的大黑斑，其边缘及尾腹面毛色纯白，直到尾基。耳中等长，全身背部为沙黄色，杂有黑色。分布于黑龙江、吉林、辽宁、河北、内蒙古、甘肃、山西、陕西、宁夏及新疆等地。

（22）**东北兔**（*Lepus mandschuricus*）

体型中等，后肢较短。尾短，背面一般为浅棕黑色。头、额部及眼间部毛色较深，为棕黑色。耳有黑尖，内侧被浅色棕毛，颈部下方、腹面的两侧为浅棕黄色。下颏与胸腹部的中央为纯白色，腹毛污白色，有灰色的毛基。分布于内蒙古、黑龙江、吉林、辽宁等地。

（23）**雪兔**（*Lepus timidus*）

躯体略大于草兔。耳朵较家兔短，眼大，尾短而宽，略呈圆形。前腿较短，具5趾，后腿较长，具4趾，脚下的毛多而蓬松，毛色冬夏季差异很大。冬毛长而密，体侧与腹部毛最长，全身呈雪白色，厚密而柔软，仅有耳尖和眼圈为黑褐色。夏毛为淡栗褐色并杂有黑色毛尖针毛，头顶及耳背部杂有大量的黑褐色短毛，耳尖呈黑褐色。分布于黑龙江、内蒙古等地。

（五）翼手目 Chiroptera

12．蝙蝠科 Vespertilionidae

（24）**大耳蝠**（*Plecotus auritus*）

体型较小。耳极大，宽且长，超过其头长，耳壳近乎长卵圆形，后肢及足均纤细。翼膜由趾基起，尾甚长，几乎与体长相等，背面浅灰褐色，毛基黑褐色，毛尖灰棕色；腹毛颜色较浅，毛尖灰白色，毛基黑褐。分布于中国北部和西部地区。

（25）**双色蝙蝠**（*Vespertilio murinus*）

体型中小，鼻吻部较正常，耳较短，缘较圆，尾较长，翼膜较窄，体背面毛基近黑色，毛尖端则近白色，体侧与胸腹部色较浅，腹毛基灰褐色，毛尖端灰白色，翼膜黑褐色；耳廓及吻鼻部均黑褐色。分布于北京、新疆南部、甘肃、东北等地。

（26）**东北管鼻蝠**（*Murina hilgendorfi*）

体型较小，鼻孔呈管状，体被短而柔软的绒毛，具有回声定位能力。分布于黑龙江、吉林等地。

二、内蒙古额尔古纳国家湿地公园兽类物种组成分析

调查共记录兽类 26 种，分属 5 目 12 科。其中，啮齿目 4 科 10 种，分别占调查兽类科、种总数的 33.33%、38.46%；兔形目 2 科 4 种，分别占调查兽类科、种总数的 16.67%、15.38%；翼手目 1 科 3 种，分别占调查兽类科、种总数的 8.33%、11.54%；食肉目 3 科 7 种，分别占调查兽类科、种总数的 25%、26.92%；偶蹄目 2 科 2 种，分别占调查兽类科、种总数的 16.67%、7.69%（表 4-13）。

表 4-13　内蒙古额尔古纳国家湿地公园兽类组成

目	科数/个	科	种数/个	占比/%
啮齿目 Rodentla	4	松鼠科 Sciuridae	4	15.38
		鼹形鼠科 Spalacidae	1	3.85
		仓鼠科 Circetidae	4	15.38
		鼠科 Muridae	1	3.85
兔形目 Lagomorpha	2	鼠兔科 Ochotonidae	1	3.85
		兔科 Leporidae	3	11.54
翼手目 Chiroptera	1	蝙蝠科 Vespertilionidae	3	11.54
食肉目 Carnivora	3	犬科 Canidae	2	7.69
		鼬科 Mustelidae	4	15.38
		猫科 Felidae	1	3.85
偶蹄目 Artiodactyla	2	猪科 Suidae	1	3.85
		鹿科 Cervidae	1	3.85
总计	12		26	100

三、内蒙古额尔古纳国家湿地公园兽类区系组成成分分析

根据《中国动物地理》（张荣祖，1999）所确定的生境类型和动物分布型。[15]未确定分布型 5 种兽类，占内蒙古额尔古纳国家湿地公园兽类总物种数的 19.23%；古北型兽类有 10 种，占兽类总物种数的 38.46%；全北型 4 种，占兽类总物种数的 15.38%；东北型 5 种，占兽类总物种数的 19.23%；华北—东北型和中亚型各 1 种，均占兽类总物种数的 3.85%。

栖息生境有森林的共 17 种，占内蒙古额尔古纳国家湿地公园兽类总物种数的 65.38%；栖息生境有草原的共 14 种，占兽类总物种数的 53.85%；栖息生境有荒漠的共 4 种，占兽类总物种数的 15.38%；栖息生境有农田的共 8 种，占兽类总物种数的 30.77%；栖息生境有湿地的共 2 种，占兽类总物种数的 7.69%；栖息生境有居民区的共 2 种，占兽类总物种数的 7.69%（表 4-14）。

表 4-14　内蒙古额尔古纳国家湿地公园兽类生境和分布型组成

目	科	物种	栖息生境	分布型
啮齿目	仓鼠科	黑线仓鼠 *Cricetulus barabensis*	P, C	华北—东北型
啮齿目	仓鼠科	红背䶄 *Myodes rutilus*	F	古北型
啮齿目	仓鼠科	林旅鼠 *Myopus schisticolor*	F	古北型
啮齿目	仓鼠科	麝鼠 *Zibethius Ondatra*	W	古北型
啮齿目	鼠科	褐家鼠 *Rattus norvegicus*	P, C	古北型
啮齿目	松鼠科	松鼠 *Sciurus vulgaris*	F	古北型
啮齿目	松鼠科	蒙古旱獭 *Marmota bobak*	P	古北型
啮齿目	松鼠科	达乌尔黄鼠 *Spermophilus pallidicauda*	P, D	中亚型
啮齿目	松鼠科	花鼠 *Tamias sibiricus*	F, C	古北型
啮齿目	鼹形鼠科	东北鼢鼠 *Myospalax psilurus*	P, C	东北型
偶蹄目	鹿科	西伯利亚狍 *Capreolus pygargus*	F, P	#
偶蹄目	猪科	野猪 *Sus scrofa*	F	古北型
食肉目	猫科	猞猁 *Lynx lynx*	F, P, D	全北型
食肉目	犬科	狼 *Canis lupus*	F, P, D, C	全北型

目	科	物种	栖息生境	分布型
食肉目	犬科	赤狐 *Vulpes vulpes*	F, P, D	全北型
食肉目	鼬科	紫貂 *Martes zibellina*	F	古北型
食肉目	鼬科	小艾鼬 *Mustela amurensis*	F, P, C	东北型
食肉目	鼬科	黄鼬 *Mustela sibirica*	P, C	古北型
食肉目	鼬科	水獭 *Lutra lutra*	W	东北型
兔形目	鼠兔科	东北鼠兔 *Ochotona hyperborea*	F	#
兔形目	兔科	蒙古兔 *Lepus tolai*	P, C	东北型
兔形目	兔科	东北兔 *Lepus mandschuricus*	F	东北型
兔形目	兔科	雪兔 *Lepus timidus*	F, P	全北型
翼手目	蝙蝠科	大耳蝠 *Plecotus auritus*	F, R	#
翼手目	蝙蝠科	双色蝙蝠 *Vespertilio murinus*	F, P, R	#
翼手目	蝙蝠科	东北管鼻蝠 *Murina hilgendorfi*	F	#

注：生境类型——森林 F；草原 P；荒漠 D；农田 C；湿地 W；居民区 R。分布型——#为未确定分布型。

四、内蒙古额尔古纳国家湿地公园兽类受保护情况

（1）国家重点保护野生动物 6 种

国家一级重点保护野生动物 1 种，紫貂（*Martes zibellina*）；国家二级重点保护野生动物 5 种，猞猁（*Lynx lynx*）、雪兔（*Lepus timidus*）、水獭（*Lutra lutra*）、狼（*Canis lupus*）、赤狐（*Vulpes vulpes*）。

（2）列入《濒危野生动植物种国际贸易公约》

列入脊椎动物名录附录Ⅰ：水獭（*Lutra lutra*）；附录Ⅱ：狼（*Canis lupus*）、猞猁（*Lynx lynx*）、赤狐（*Vulpes vulpes*）；附录Ⅲ：黄鼬（*Mustela sibirica*）。

（3）列入中国物种红色名录

濒危等级物种共 2 种：水獭（*Lutra lutra*）、猞猁（*Lynx lynx*）。近危等级物种共 2 种：狼（*Canis lupus*）、赤狐（*Vulpes vulpes*）（表 4-15）。

表 4-15 内蒙古额尔古纳国家湿地公园国家保护兽类名录

目、科、种	保护等级	濒危等级	《濒危野生动植物种国际贸易公约》
一、食肉目 Carnivora			
（一）猫科 Felidae			
1. 猞猁 *Lynx lynx*	Ⅱ	濒危	Ⅱ
（二）犬科 Canidae			
2. 狼 *Canis lupus*	Ⅱ	近危	Ⅱ
3. 赤狐 *Vulpes vulpes*	Ⅱ	近危	Ⅱ
（三）鼬科 Mustelidae			
4. 水獭 *Lutra lutra*	Ⅱ	濒危	Ⅰ
5. 紫貂 *Martes zibellina*	Ⅰ	易危	
6. 黄鼬 *Mustela sibirica*			Ⅲ
二、兔形目 Lagomorpha			
（四）兔科 Leporidae			
7. 雪兔 *Lepus timidus*	Ⅱ	无危	

注：保护等级一列中Ⅰ为国家一级重点保护野生动物；Ⅱ为国家二级重点保护野生动物。《濒危野生动植物种国际贸易公约》一列中Ⅰ为列入附录Ⅰ；Ⅱ为列入附录Ⅱ；Ⅲ为列入附录Ⅲ。EN 为濒危。

参考文献

[1] 王直诚．东北蝶类志[M]．吉林：吉林科学技术出版社，1999.
[2] 王凤霞，卢旭弘．中国大兴安岭蛾类图谱[M]．北京：中国林业出版社，2015.
[3] 吴虎山，能乃扎布．呼伦贝尔市草地蝗虫[M]．北京：中国农业出版社，2009.
[4] 许佩恩，能乃扎布．蒙古高原天牛彩色图谱[M]．北京：中国农业大学出版社，2007.
[5] 王小奇，方红，张治良．辽宁甲虫原色图鉴[M]．沈阳：辽宁科学技术出版社，2012.
[6] 张巍巍，李元胜．中国昆虫生态大图鉴[M]．重庆：重庆大学出版社，2011.
[7] 申效诚，任应党，刘新涛，等．中国昆虫地理[M]．郑州：河南科学技术出版社，2015.
[8] 赵文阁，彭一良，高智晟，等．黑龙江省鱼类原色图鉴[M]．北京：科学出版社，2018.
[9] 蒋志刚．中国脊椎动物红色名录[M]．北京：科学出版社，2016.

[10] 中国野生动物保护协会．中国两栖动物图鉴[M]．郑州：河南科学技术出版社，1999.

[11] 齐硕．常见爬行动物野外识别手册[M]．重庆：重庆大学出版社，2019.

[12] John MacKinnon，Karen Phillipps．中国鸟类野外手册[M]．何芬奇．译．长沙：湖南教育出版社，2000.

[13] 聂延秋．中国鸟类识别手册[M]．北京：中国林业出版社，2019.

[14] 郑光美．中国鸟类分类与分布名录[M]．北京：科学出版社，2017.

[15] 张荣祖．中国动物地理[M]．北京：科学出版社，2011.

[16] Andrew T Smith．中国兽类野外手册[M]．解焱．译．长沙：湖南教育出版社，2009.

第五章
土壤调查与分析

E’ERGUNA
GUOJIA SHIDI GONGYUAN SHENGWU
DUOYANGXING DIAOCHA BAOGAO

第一节　土壤调查范围、取样方法、评价标准

一、调查范围

根据植被资源分布情况，2016 年选择 6 个植物群落样地进行土壤理化性质的调查（由于土壤理化性质变化较小，以 2016 年土壤调查结果为准，并作为湿地公园土壤背景值）。调查地点、群落类型及经纬度见表 5-1。

表 5-1　内蒙古额尔古纳国家湿地公园土壤调查点位

样地编号	地点	群落类型	经度	纬度
02	人工湖四周东侧	柳灌丛北岸	120°26′20.98″E	50°21′23.26″N
03	育良	钻天柳沼泽	120°38′29.8″E	50°21′5.74″N
04	小乌尔根	杂类草草甸	120°32′4.78″E	50°22′52.12″N
06	南岸入口	杂类草草原	120°16′1.20″E	50°19′72.4″N
07	上库力七队（西）	柳灌丛南岸	120°16′11.8″E	50°20′3.92″N
08	上库力七队	线叶菊草原	120°20′3.60″E	50°20′11.3″N

二、土壤取样方法

6 个群落监测样地，每个样地选取 3 个样方，在每个样方内进行土壤样品的采集。在植物样方内随机选取 3 个点，分别采集深度为 0～10 cm、10～20 cm、20～30 cm 的土壤，每一层 3 个点位的土壤混合在一起，装入布袋作为该样方该土层的土壤样品，带回实验室风干，测定土壤全氮及有机质、全碳；在每个样地，挖一个土壤剖面，分别用环刀采集深度为 0～10 cm、10～20 cm、20～30 cm 的土壤，每层 3 个重复，测定该样带的不同深度土壤容重及含水量。共 108 个土壤样品。

三、评价标准

土壤有机质含量参考指标如表 5-2 所示。

表 5-2　土壤有机质含量参考指标

土壤有机质含量/%	丰缺程度
≤1.5	极低
1.5～2.5	低
2.5～3.5	中
3.5～5.0	高
＞5	极高

根据全国第二次土壤普查，土壤养分分级表级别如表 5-3 所示。

表 5-3　土壤养分分级表级别

级别	有机质/%	全氮（TN）/%
1 级	＞4	＞0.2
2 级	3～4	0.15～0.2
3 级	2～3	0.1～0.15
4 级	1～2	0.075～0.1
5 级	0.6～1	0.05～0.075
6 级	＜0.6	＜0.05

第二节　各群落类型土壤理化性质分析

一、蒿柳 + 柳叶绣线菊 + 小叶章群落土壤理化性质分析

1．群落样地基本信息

该群落样地编号 02，位于人工湖东侧，地理位置 50°21′23.26″N、120°26′20.98″E，土壤类型为沼泽土。

2．土壤含水量、容重分析

由表 5-4 可以看出，该群落土壤含水量 0～10 cm 土层与 10～20 cm 土层差异显著（$P<0.05$），与 20～30 cm 土层差异不显著（$P>0.05$），0～10 cm 土层含水量最多，为 13.1%。

表 5-4　蒿柳 + 柳叶绣线菊 + 小叶章群落不同深度土壤含水量与容重多重比较

02 号样地	0～10 cm 土层	10～20 cm 土层	20～30 cm 土层
土壤含水量/%	13.10±0.85a	11.18±1.14b	11.51±0.66ba
土壤容重/（g/cm^3）	1.19±0.09a	1.15±0.04a	1.27±0.05a

注：小写字母表示差异显著性（$P<0.05$）。下同。

容重 3 层土壤差异均不显著（$P>0.05$），为 20～30 cm 土层容重最大，为 1.27 g/cm^3。

3．土壤有机质、全氮、全碳分析

由表 5-5 可以看出，该群落 3 层土壤有机质含量差异均不显著（$P>0.05$），含量最高的为 0～10 cm 土层，为 9.67%。

表 5-5　蒿柳 + 柳叶绣线菊 + 小叶章群落不同深度土壤有机质与全氮、全碳多重比较

02 号样地	0 ~ 10 cm 土层	10 ~ 20 cm 土层	20 ~ 30 cm 土层
土壤有机质/%	9.67±0.25a	9.05±1.99a	9.37±0.41a
土壤全氮/%	0.50±0.03a	0.36±0.03b	0.30±0.03b
土壤全碳/（g/kg）	56.08±1.43a	52.49±11.55a	54.35±2.4a

土壤全氮含量，0～10 cm 土层与 10～20 cm、20～30 cm 土层差异显著（$P<0.05$），0～10 cm 土层含量最多，为 0.5%；10～20 cm 与 20～30 cm 土层土壤全氮含量差异不显著（$P>0.05$）。

土壤全碳含量，3 层土壤差异均不显著（$P>0.05$），含量最多的为 0～10 cm 土层，为 56.08 g/kg。

4．蒿柳 + 柳叶绣线菊 + 小叶章群落土壤养分分析

根据土壤有机质含量参考指标，蒿柳 + 柳叶绣线菊 + 小叶章群落表层土土壤有机质含量均大于 5%，有机质含量均达到极高水平。

根据第二次全国土壤普查，土壤养分分级表，表层土壤有机质含量均大于 4%，全氮含量均大于 0.2%，表明该类土壤养分级别为一级。

二、钻天柳沼泽土壤理化性质分析

1．群落样地基本信息

该样地位于育良种场，样地编号 03，地理位置 50°21′5.74″N、120°38′29.8″E，土壤类型为沼泽土。

2．土壤含水量、容重分析

由表 5-6 可以看出，该群落土壤含水量，0～10 cm 土层与 10～20 cm、20～30 cm 土层差异显著（$P<0.05$），10～20 cm 与 20～30 cm 土层差异显著（$P<0.05$），含水量最多为 0～10 cm 土层，含量为 18.84%。

表 5-6　钻天柳沼泽不同深度土壤含水量与容重多重比较

03 号样地	0 ~ 10 cm 土层	10 ~ 20 cm 土层	20 ~ 30 cm 土层
土壤含水量/%	18.84±0.41a	14.81±0.25b	10.04±0.44c
土壤容重/（g/cm³）	0.86±0.07b	1.05±0.08a	1.13±0.06a

土壤容重，0～10 cm 与 10～20 cm 土层差异不显著（$P>0.05$），但均与 20～30 cm 土层差异显著（$P<0.05$），容重最大为 20～30 cm 土层，为 1.13 g/cm³。

3．土壤有机质、全氮、全碳分析

由表 5-7 可以看出，该群落土壤有机质含量，0～10 cm、10～20 cm 土层与 20～30 cm 土层差异显著（$P<0.05$），0～10 cm 土层含量最高，为 8.86%；0～10 cm 与 10～20 cm 土层土壤有机质含量差异不显著（$P>0.05$）。

表 5-7　钻天柳沼泽不同深度土壤有机质与全氮、全碳多重比较

03 号样地	0 ~ 10 cm 土层	10 ~ 20 cm 土层	20 ~ 30 cm 土层
土壤有机质/%	8.86±1.02a	8.17±0.53a	6.09±1.04b
土壤全氮/%	0.28±0.04a	0.20±0.01b	0.14±0.01c
土壤全碳/（g/kg）	51.42±5.89a	47.37±3.06a	35.33±6.02b

土壤全氮含量，0～10 cm 土层与 10～20 cm、20～30 cm 土层差异显著（$P<0.05$），0～10 cm 土层含量最高，为 0.28%；10～20 cm 与 20～30 cm 土层土壤全氮含量差异显著（$P<0.05$），10～20 cm 土层含量较高，为 0.2%。

土壤全碳含量，0～10 cm、10～20 cm 土层与 20～30 cm 土层差异显著（$P<0.05$），0～10 cm 土层含量最多，为 51.42 g/kg；0～10 cm 与 10～20 cm 土层土壤全碳含量差异不显著（$P>0.05$）。

4．钻天柳沼泽土壤养分分析

根据土壤有机质含量参考指标，钻天柳沼泽表层土土壤有机质含量均大于 5%，有机质含量均达到极高水平。

根据全国第二次土壤普查，土壤养分分级表，表层土土壤有机质含量均大于4%，全氮含量均大于0.2%，表明该类土壤养分级别为一级。

三、杂类草草甸土壤理化性质分析

1. 群落样地基本信息

该样地位于小乌尔根，样地编号 04，地理位置 50°22′52.12″N、120°32′4.78″E，中度刈割利用打草场草甸植被，土壤类型为草甸土。

2. 土壤含水量、容重分析

由表 5-8 可以看出，该群落 3 层土壤含水量差异均不显著（$P>0.05$），含水量最高的为 20～30 cm 土层，为 33.01%。

表 5-8　杂类草草甸不同深度土壤含水量与容重多重比较

04 号样地	0 ~ 10 cm 土层	10 ~ 20 cm 土层	20 ~ 30 cm 土层
土壤含水量/%	32.00±1.04a	30.42±1.88a	33.01±1.68a
土壤容重/（g/cm^3）	0.83±0.02b	0.94±0.07a	0.92±0.04ba

土壤容重，10～20 cm 与 0～10 cm 土层差异显著（$P<0.05$），与 20～30 cm 土层差异不显著（$P>0.05$），10～20 cm 土层容重最大，为 0.94 g/cm^3；0～10 cm 与 20～30 cm 土层，土壤容重差异不显著（$P>0.05$）。

3. 土壤有机质、全氮、全碳分析

由表 5-9 可以看出，该群落土壤有机质含量，0～10 cm 土层与 10～20 cm、20～30 cm 土层差异显著（$P<0.05$），0～10 cm 土层含量最多，为 26.61%；10～20 cm 与 20～30 cm 土层土壤有机质含量差异显著（$P<0.05$），10～20 cm 土层含量较多，为 19.52%。

表 5-9 杂类草草甸不同深度土壤有机质与全氮、全碳多重比较

04 号样地	0～10 cm 土层	10～20 cm 土层	20～30 cm 土层
土壤有机质/%	26.61±2.79a	19.52±0.62b	14.54±1.09c
土壤全氮/%	1.08±0.25a	0.60±0.04b	0.47±0.06b
土壤全碳/（g/kg）	154.36±16.15a	113.24±3.61b	84.33±6.31c

土壤全氮含量，0～10 cm 土层与 10～20 cm、20～30 cm 土层差异显著（$P<0.05$），0～10 cm 土层含量最多，为 1.08%；10～20 cm 与 20～30 cm 土层土壤全氮含量差异不显著（$P>0.05$）。

土壤全碳含量，0～10 cm 土层与 10～20 cm、20～30 cm 土层差异显著（$P<0.05$），0～10 cm 土层含量最多，为 154.36 g/kg；10～20 cm 与 20～30 cm 土层土壤全碳含量差异显著（$P<0.05$），10～20 cm 土层含量较多，为 113.24 g/kg。

4．杂类草草甸土壤养分分析

根据土壤有机质含量参考指标，杂类草草甸表层土土壤有机质含量均大于 5%，有机质含量均达到极高水平。

根据第二次全国土壤普查，土壤养分分级表，表层土土壤有机质含量均大于 4%，全氮含量均大于 0.2%，表明该类土壤养分级别为一级。

四、杂类草群落土壤理化性质分析

1．群落样地基本信息

该样地位于根河桥以东，刚进入额尔古纳国家湿地公园西南侧，河流南岸入口处，样地编号 06，地理位置 50°19′72.4″N、120°16′1.20″E，中度放牧＋刈割利用退化草原植被，土壤类型为黑钙土。

2．土壤含水量、容重分析

由表 5-10 可以看出，该群落 3 层土壤含水量差异均不显著（$P>0.05$），含水量最多的为 0～10 cm 土层，为 16.78%。

表 5-10　杂类草群落不同深度土壤含水量与容重多重比较

06 号样地	0 ~ 10 cm 土层	10 ~ 20 cm 土层	20 ~ 30 cm 土层
土壤含水量/%	16.78±2.15a	15.99±1.30a	15.84±1.33a
土壤容重/（g/cm^3）	0.96±0.12a	1.08±0.17a	0.16±0.21a

3 层土壤容重差异均不显著（P>0.05），容重最大的为 10～20 cm 土层，为 1.08 g/cm^3。

3．土壤有机质、全氮、全碳分析

由表 5-11 可以看出，该群落土壤有机质含量 0～10 cm 土层与 10～20 cm、20～30 cm 土层差异显著（P<0.05），0～10 cm 土层含量最高，为 12.22%；10～20 cm 与 20～30 cm 土层土壤有机质含量差异不显著（P>0.05）。

表 5-11　杂类草群落不同深度土壤有机质与全氮、全碳多重比较

06 号样地	0 ~ 10 cm 土层	10 ~ 20 cm 土层	20 ~ 30 cm 土层
土壤有机质/%	12.22±1.21a	9.93±1.32b	8.65±0.97b
土壤全氮/%	0.67±0.02a	0.44±0.05b	0.34±0.06c
土壤全碳/（g/kg）	70.88±7.02a	57.61±7.66b	50.18±5.63b

土壤全氮含量，0～10 cm 土层与 10～20 cm、20～30 cm 土层差异显著（P<0.05），0～10 cm 土层含量最高，为 0.67%；10～20 cm 与 20～30 cm 土层土壤全氮含量差异显著（P<0.05），10～20 cm 土层含量较多，为 0.44%。

土壤全氮含量，0～10 cm 土层与 10～20 cm、20～30 cm 土层差异显著（P<0.05），0～10 cm 土层含量最多，为 70.88 g/kg；10～20 cm 与 20～30 cm 土层土壤全碳含量差异不显著（P>0.05）。

4．杂类草群落土壤养分分析

根据土壤有机质含量参考指标，该群落表层土土壤有机质含量均大于 5%，有机质含量均达到极高水平。

根据第二次全国土壤普查，土壤养分分级表，表层土土壤有机质含量均大于 4%，全氮含量均大于 0.2%，表明该群落土壤养分级别为一级。

五、蒿柳 + 粉枝柳 + 塔头薹草群落土壤理化性质分析

1. 群落样地基本信息

该样地位于上库力乡七队西侧，河岸边，样地编号 07，地理位置 50°20′3.92″N、120°16′11.8″E，中度放牧 + 刈割利用，土壤类型为沼泽土。

2. 土壤含水量、容重分析

由表 5-12 可以看出，该群落土壤含水量，0～10 cm 土层与 10～20 cm、20～30 cm 土层差异显著（$P<0.05$），0～10 cm 土层含水量最多，为 12.26%；10～20 cm 与 20～30 cm 土层土壤含水量含量差异显著（$P<0.05$），10～20 cm 土层含水量较多，为 8.05%。

表 5-12　蒿柳 + 粉枝柳 + 塔头薹草群落不同深度土壤含水量与容重多重比较

07 号样地	0 ~ 10 cm 土层	10 ~ 20 cm 土层	20 ~ 30 cm 土层
土壤含水量/%	12.26±0.23 a	8.05±0.78 b	6.58±0.29 c
土壤容重/（g/cm³）	1.22±0.04 a	0.27±0.10 a	1.30±0.10 a

3 层土壤容重差异均不显著（$P>0.05$），容重最大的为 20～30 cm 土层，为 1.3 g/cm³。

3. 土壤有机质、全氮、全碳分析

由表 5-13 可以看出，该群落 3 层土壤有机质含量差异均不显著（$P>0.05$），含量最多的为 0～10 cm 土层，为 7.69%。

表 5-13　蒿柳 + 粉枝柳 + 塔头薹草群落不同深度土壤有机质与全氮、全碳多重比较

07 号样地	0 ~ 10 cm 土层	10 ~ 20 cm 土层	20 ~ 30 cm 土层
土壤有机质/%	7.69±0.99a	6.59±0.93a	6.08±0.56a
土壤全氮/%	0.26±0.03a	0.18±0.02b	0.14±0.01b
土壤全碳/（g/kg）	44.62±5.75	38.22±5.41	35.29±3.23

土壤全氮含量，0～10 cm 土层与 10～20 cm、20～30 cm 土层差异显著（$P<0.05$），0～10 cm 土层含量最多，为 0.26%；10～20 cm 与 20～30 cm 土层土壤全氮含量差异不显著（$P>0.05$）。

3 层土壤全碳含量差异均不显著（$P>0.05$），含量最多的为 0～10 cm 土层，为 44.62 g/kg。

4．蒿柳 + 粉枝柳 + 塔头薹草群落土壤养分分析

根据土壤有机质含量参考指标，该群落表层土土壤有机质含量均大于 5%，有机质含量均达到极高水平。

根据第二次全国土壤普查，土壤养分分级表，表层土土壤有机质含量均大于 4%，全氮含量均大于 0.2%，表明该群落土壤养分级别为一级。

六、线叶菊群落土壤理化性质分析

1．群落样地基本信息

该样地位于上库力乡七队，样地编号 08，地理位置 50°20′11.3″N、120°20′3.60″E，中度放牧利用草原植被，土壤类型为黑钙土。

2．土壤含水量、容重分析

由表 5-14 可以看出，该群落 3 层土壤含水量差异均不显著（$P>0.05$），含水量最多的为 10～20 cm 土层，为 12.04%。

表 5-14　线叶菊群落不同深度土壤含水量与容重多重比较

08 号样地	0 ~ 10 cm 土层	10 ~ 20 cm 土层	20 ~ 30 cm 土层
土壤含水量/%	11.56±0.42a	12.04±0.17a	11.62±0.49a
土壤容重/（g/cm^3）	1.05±0.04a	1.08±0.07a	1.07±0.04a

3 层土壤容重差异均不显著（$P>0.05$），容重最大的为 10～20 cm 土层，为 1.08 g/cm^3。

3．土壤有机质、全氮、全碳分析

由表 5-15 可以看出，该群落土壤有机质含量，0～10 cm 土层与 10～20 cm、20～30 cm 土层差异显著（$P<0.05$），0～10 cm 土层含量最高，为 11.28%；10～20 cm 与 20～30 cm 土层土壤有机质含量差异不显著（$P>0.05$）。

表 5-15　线叶菊群落不同深度土壤有机质与全氮、全碳多重比较

08 号样地	0 ~ 10 cm 土层	10 ~ 20 cm 土层	20 ~ 30 cm 土层
土壤有机质/%	11.28±1.21a	8.36±0.75b	7.37±0.24b
土壤全氮/%	0.56±0.14a	0.40±0.07ba	0.35±0.05b
土壤全碳/（g/kg）	65.44±7.02a	48.46±4.37b	42.75±1.42b

土壤全氮含量，0～10 cm 土层与 20～30 cm 土层差异显著（$P<0.05$），与 10～20 cm 土层差异不显著（$P>0.05$），0～10 cm 土层含量最高，为 0.56%；10～20 cm 与 20～30 cm 土层土壤全氮含量差异不显著（$P>0.05$）。

土壤全碳含量，0～10 cm 土层与 10～20 cm、20～30 cm 土层差异显著（$P<0.05$），0～10 cm 土层含量最多，为 65.44 g/kg；10～20 cm 与 20～30 cm 土层土壤全碳含量差异不显著（$P>0.05$）。

4．线叶菊群落土壤养分分析

根据土壤有机质含量参考指标，该样地表层土土壤有机质含量均大于 5%，有机质含量均达到极高水平。

根据全国第二次土壤普查，土壤养分分级表，表层土土壤有机质含量均大于4%，全氮含量均大于0.2%，表明该样地土壤养分级别为一级土壤。

七、调查区域内 0 ~ 10 cm 土壤含水量、容重与有机质、全氮、全碳含量比较分析

1．0 ~ 10 cm 土壤含水量、容重分析

由表5-16可以看出，0～10 cm土壤含水量最多的为杂类草草甸（04号样地），且与其他群落均差异显著（$P<0.05$），含水量为32%；含水量最少的为线叶菊群落（08号样地），含水量为11.56%，且与蒿柳＋粉枝柳＋塔头薹草群落（07号样地）差异不显著（$P>0.05$），与蒿柳＋柳叶绣线菊＋小叶章群落（02 号样地）、钻天柳沼泽（03号样地）和杂类草群落（06号样地）差异显著（$P<0.05$）。

表5-16　调查区域内 0 ~ 10 cm 土壤含水量、容重多重比较

样方编号	物理性质	
	土壤含水量/%	土壤容重/（g/cm^3）
02号样地	13.10±0.85d	1.19±0.09a
03号样地	18.84±0.40b	0.86±0.07c
04号样地	32.00±1.04a	0.83±0.02c
06号样地	16.75±2.15c	0.96±0.17b
07号样地	12.26±0.24ed	1.22±0.04a
08号样地	11.56±0.41e	1.05±0.04b

0～10 cm土壤容重最大的为蒿柳＋粉枝柳＋塔头薹草群落（07号样地），且与蒿柳＋柳叶绣线菊＋小叶章群落（02号样地）差异不显著（$P>0.05$），与其他群落均差异显著（$P<0.05$），为1.22 g/cm^3；容重最小的为杂类草草甸（04号样地），为0.83 g/cm^3，且与钻天柳沼泽（03号样地）差异不显著（$P>0.05$），与杂类草群落（06号样地）和线叶菊群落（08号样地）差异显著（$P<0.05$）。

2．0～10 cm 土层土壤有机质、全氮、全碳分析

由表 5-17 可以看出，0～10 cm 土壤有机质含量最多的为杂类草草甸（04 号样地），且与其他群落均差异显著（$P<0.05$），含量为 26.61%；含量最少的为蒿柳＋粉枝柳＋塔头薹草群落（07 号样地），含量为 7.69%，且与蒿柳＋柳叶绣线菊＋小叶章群落（02 号样地）和钻天柳沼泽（03 号样地）差异不显著（$P>0.05$），与杂类草群落（06 号样地）和线叶菊群落（08 号样地）差异显著（$P<0.05$）。

表 5-17　调查区域内 0～10 cm 土壤有机质、全氮、全碳含量多重比较

样地编号	化学性质		
	土壤有机质/%	土壤全氮/%	土壤全碳/（g/kg）
02 号样地	9.67±0.25cb	0.50±0.03b	56.08±1.43cb
03 号样地	8.86±1.02cb	0.28±0.04c	51.42±5.89cb
04 号样地	26.61±2.78a	1.08±0.25a	154.36±16.15a
06 号样地	12.22±1.21b	0.67±0.02b	66.38±5.36b
07 号样地	7.69±0.99c	0.26±0.03c	44.62±5.75c
08 号样地	11.28±1.21b	0.56±0.14b	65.44±7.02b

0～10 cm 土壤全氮含量最多的也为杂类草草甸（04 号样地），且与其他群落均差异显著（$P<0.05$），含量为 1.08%；含量最少的为蒿柳＋粉枝柳＋塔头薹草群落（07 号样地），含量为 0.26%，且与钻天柳沼泽（03 号样地）差异不显著（$P>0.05$），与蒿柳＋柳叶绣线菊＋小叶章群落（02 号样地）、杂类草群落（06 号样地）和线叶菊群落（08 号样地）差异显著（$P<0.05$）。

0～10 cm 土壤全碳含量最多的为杂类草草甸（04 号样地），且与其他群落均差异显著（$P<0.05$），含量为 154.36 g/kg；含量最少的为蒿柳＋粉枝柳＋塔头薹草群落（07 号样地），含量为 44.62 g/kg，且与蒿柳＋柳叶绣线菊＋小叶章群落（02 号样地）和钻天柳沼泽（03 号样地）差异不显著（$P>0.05$），与杂类草群落（06 号样地）和线叶菊群落（08 号样地）差异显著（$P<0.05$）。

八、内蒙古额尔古纳国家湿地公园土壤调查分析

由以上分析可知，蒿柳 + 柳叶绣线菊 + 小叶章群落（02 号样地）及钻天柳沼泽（03 号样地）、蒿柳 + 粉枝柳 + 塔头薹草群落（07 号样地）土壤均为沼泽土。因为 2016 年比较干旱，采样地点地势较高，蒿柳 + 柳叶绣线菊 + 小叶章群落（02 号样地）土壤含水量随着土层深度的加深呈现显著性变化，含水量逐渐降低；土壤容重随着土层深度的加深变化不显著；土壤养分中，土壤全氮含量随着土层深度的加深呈现显著性变化，全氮含量逐渐降低；土壤有机质及全碳含量随着土层深度的加深变化均不显著。钻天柳沼泽（03 号样地）土壤含水量随着土层深度的加深呈现显著性变化，含水量逐渐降低；土壤容重随着土层深度的加深呈现显著性变化，土壤容重逐渐增加；土壤有机质、全氮及全碳含量随着土层深度的加深均呈现显著性变化，均逐渐降低，含量最多土层均为 0～10 cm 土壤。蒿柳 + 粉枝柳 + 塔头薹草群落（07 号样地）土壤含水量随着土层深度的加深均呈现显著性变化，含水量逐渐降低；土壤容重随着土层深度的加深变化不显著；土壤养分中，土壤全氮含量随着土层深度的加深均呈现显著性变化，含量逐渐降低，含量最多的土层为 0～10 cm 土壤；土壤有机质及全碳含量均随着土层深度的加深变化不显著，含量最多的土层均为 0～10 cm 土壤。07 号样地土壤养分含量为 6 个样地中最少，可能和过度利用有关。

杂类草草甸（04 号样地）土壤为草甸土，由于地表植被茂盛，土壤含水量随着土层深度的加深变化不显著，含水量变化不大，但含量为 6 个样地中最多；土壤容重随着土层深度的加深呈现显著性变化，表层土容重最少，主要植物根系较多；土壤养分中，土壤有机质、全氮及全碳含量随着土层深度的加深均呈现显著性变化，均逐渐降低，含量最多的土层均为 0～10 cm 土壤。

杂类草群落（06 号样地）及线叶菊群落（08 号样地）土壤均为黑钙土。杂类草群落（06 号样地）土壤含水量及容重随着土层深度的加深变化不显著，含水量变化不大，容重最大为 20～30 cm 土壤；土壤养分中，土壤有机质、全氮及全碳含量随着土层深度的加深均呈现显著性变化，含量均逐渐降低，含量最多的土层均为 0～10 cm 土壤。线叶菊群落（08 号样地）土壤含水量及容重随着土层深度的加深变化不显著，含水量、容重变化均不大；土壤养分中，土壤有机质、全氮及全碳含量随着土层深度的加深均呈现显著性变化，均逐渐降低，含量最多的土层均为 0～

10 cm 土壤。根据土壤有机质含量参考指标，6 个群落表层土土壤有机质含量均大于 5%，有机质含量均达到极高水平。

根据第二次全国土壤普查，土壤养分分级表，6 个群落表层土土壤有机质含量均大于 4%，全氮含量均大于 0.2%，表明 6 个群落表层土土壤养分级别均为一级。

第六章
水环境质量报告

E'ERGUNA

GUOJIA SHIDI GONGYUAN SHENGWU
DUOYANGXING DIAOCHA BAOGAO

第一节　水污染源概况

一、内蒙古额尔古纳国家湿地公园内社会经济情况

内蒙古额尔古纳国家湿地公园内农垦系统生产队 4 个，牧点 17 个。人口 2 000 人左右，耕地 3 000 亩左右，牛羊数目在 5 000 余头。

二、内蒙古额尔古纳国家湿地公园内主要污染源情况

内蒙古额尔古纳国家湿地公园内人口产生的生活污水未经处理直接排放到周围环境中；生活垃圾也是随意的丢弃；生活取暖主要采取燃煤及烧干牛粪的方式，造成周围粉尘污染。

牛羊主要采食公园内地表植被，对低保植被造成非常大的破坏；牛羊的排泄物直接排入周围环境，经微生物分解后，有效的补充了土壤的养分，但如直接排入河流，则会造成水质有机物含量的提高。

耕地在早春播种及秋收季节，会造成大量粉尘污染；在施肥后，经雨水的冲刷，极易造成河流水质的污染；在喷洒农药过程中，农药会扩散到周围，对生态环境影响很大，同时，经雨水的冲刷，极易造成河流水质的污染。

第二节　水环境质量概况

一、监测情况

根据生态环境标准《地表水和污水监测技术规范》(HJ/T 91—2002)，实地考察后，根据实际情况设置两个监测断面。在 2016 年 7 月进出内蒙古额尔古纳国家湿地

公园的出入口设置监测断面，即进口——加拉嘎大桥监测断面，出口——根河桥监测断面。

（一）水质监测频次

由于条件的限制，在 2016 年 7 月 16 日，额尔古纳河丰水期，对两个监测断面进行监测。

（二）监测项目及分析方法

根据实验室情况及公园情况，测定水质指标为溶氧量（DO）、五日生化需氧量（BOD_5）、化学需氧量（COD_{Cr}）、六价铬含量（Cr^{6+}）。测定方法分别为溶氧量，《水质　溶解氧的测定　碘量法》（GB 7489—1987）；五日生化需氧量，《水质　五日生化需氧量（BOD_5）的测定　稀释与接种法》（HJ 505—2009）；化学需氧量，《水质　化学需氧量的测定　重铬酸盐法》（GB 11914—1989）；六价铬含量，《水质　六价铬的测定　二苯碳酰二肼分光光度法》（GB 7467—1987）。

二、监测结果

（一）评价标准

根据测定结果及《地表水环境质量标准》（GB 3838—2002）和《地表水环境质量评价办法》，2011 年 3 月，判断监测断面水质情况。由相关资料查询，国家湿地公园水质应符合地表水Ⅲ类水质标准。

表 6-1　《地表水环境质量标准》基本项目标准限值　　单位：mg/L

序号	项目	Ⅰ类	Ⅱ类	Ⅲ类	Ⅳ类	Ⅴ类
1	Cr^{6+} ≤	0.01	0.05	0.05	0.05	0.1
2	COD_{Cr} ≤	15	15	20	30	40
3	DO ≥	7.5	6	5	3	2
4	BOD_5 ≤	3	3	4	6	10

（二）加拉嘎大桥监测断面监测结果

采用单因子评价法，由表 6-1 和表 6-2 可知，Cr^{6+}平均值符合地表水Ⅲ类水质标准；COD_{Cr} 平均值符合地表水Ⅱ类水质标准；DO 平均值符合地表水Ⅱ类水质标准；BOD_5 平均值符合地表水Ⅰ类水质标准。综合分析，加拉嘎大桥监测断面水质符合地表水Ⅲ类水质标准。

表 6-2　加拉嘎大桥监测断面监测数据

	指标	Cr^{6+}/（mg/L）	COD_{Cr}/（mg/L）	DO/（mg/L）	BOD_5/（mg/L）
丰水期	样品数	6	6	6	6
	最大值	0.066	16.416	7.11	1.33
	最小值	0.037	13.825	5.22	0.45
	平均值	0.049	14.688	6.82	0.87

（三）根河桥监测断面监测结果

采用单因子评价法，由表 6-1 和表 6-3 可知，Cr^{6+}平均值符合地表水Ⅲ类水质标准；COD_{Cr} 平均值符合地表水Ⅰ类水质标准；DO 平均值符合地表水Ⅱ类水质标准；BOD_5 平均值符合地表水Ⅰ类水质标准。综合分析，加拉嘎大桥监测断面水质符合地表水Ⅲ类水质标准。综合分析，根河桥监测断面水质符合地表水Ⅲ类水质标准。

表 6-3　根河桥监测断面监测数据

	指标	Cr^{6+}/（mg/L）	COD_{Cr}/（mg/L）	DO/（mg/L）	BOD_5/（mg/L）
丰水期	样品数	6	6	6	6
	最大值	0.053	12.096	9.98	3.99
	最小值	0.044	10.368	5.39	0.31
	平均值	0.049	11.426	7.45	2.41